SUPER TECHNIK

AEROFLITE
160
N839AC

SUPER TECHNIK

TEXT JACK CHALLONER, DR. KAT DAY,
HILARY LAMB, GEORGIA MILLS, BEA PERKS
FACHLICHE BERATUNG JACK CHALLONER

DK

INHALT

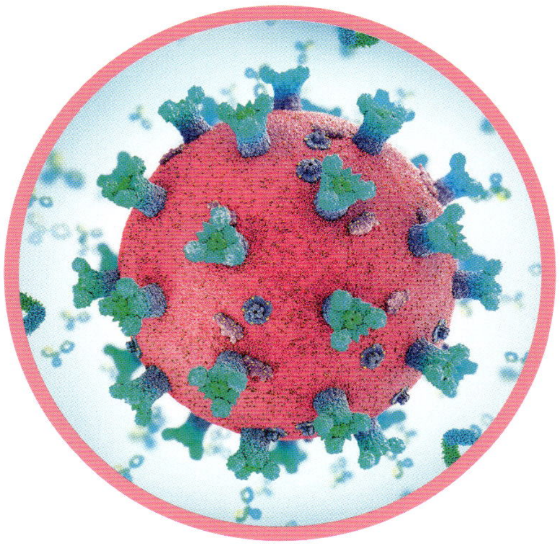

LEBEN ERHALTEN UND SCHÜTZEN 120

LERNEN UND ENTDECKEN 158

DK | Penguin Random House

Lektorat Vicky Richards, Francesca Baines, Andrew Macintyre, Liz Wheeler, Jonathan Metcalf, Virien Chopra, Kathakali Banerjee, Kingshuk Ghoshal
Gestaltung und Bildredaktion Sheila Collins, Nic Dean, Philip Letsu, Karen Self, Baibhav Parida, Sifat Fatima, Nishwan Rasool, Taiyaba Khatoon, Govind Mittal, Neeraj Bhatia, Anita Yadav
Umschlaggestaltung Surabhi Wadhwa-Gandhi, Sophia MTT
Herstellung Andy Hilliard, Sian Cheung, Balwant Singh, Pankaj Sharma
Illustrationen Brendan McCaffery, Adam Benton, Peter Bull, Gus Scott

Für die deutsche Ausgabe:
Programmleitung Monika Schlitzer
Redaktionsleitung Martina Glöde
Projektbetreuung Sebastian Twardokus
Herstellungsleitung Dorothee Whittaker
Herstellungskoordination Arnika Mrax
Herstellung Sabine Hüttenkofer

Titel der englischen Originalausgabe: SuperScience

Übersetzung Dr. Stephan Matthiesen
Lektorat Julia Niehaus

ISBN 978-3-8310-4372-9

Druck und Bindung Livonia Print, Lettland

FSC www.fsc.org MIX Papier aus verantwortungsvollen Quellen FSC® C018179

www.dk-verlag.de

WISSENSCHAFT IM ALLTAG

Wissenschaft ist eine Methode, etwas über die Welt herauszufinden. Naturwissenschaftler fragen danach, woraus die Welt besteht und wie sie funktioniert. Viele befassen sich dazu mit den drei Hauptgebieten Physik, Chemie und Biologie. Aber Wissenschaft ist nicht nur Theorie: Sie liegt all der Technik zugrunde, die wir in der modernen Welt nutzen, etwa der Beleuchtung im Haus und unserer Kleidung. Dieses Buch zeigt, wie naturwissenschaftliche Erkenntnisse in der Praxis angewandt werden, um unser Leben einfacher zu machen und Lösungen für aktuelle Probleme zu finden.

PHYSIK
Die Physik erforscht Energie und Kräfte. Mithilfe der Physik entwickeln wir Methoden, um uns fortzubewegen, etwa mit dem Fahrrad oder mit dem Flugzeug. Die Art, wie Daten durch das Internet übertragen werden, beruht auf dem Wissen der Physik über das Licht.

BIOLOGIE

Die Biologie erkundet, wie Tiere, Pflanzen und andere Lebewesen funktionieren. Mit Kenntnissen über den menschlichen Körper entwickeln Wissenschaftler Therapien und Einblicke in das Wachstum von Bäumen helfen uns, den Klimawandel zu bekämpfen.

CHEMIE

Die Chemie studiert, wie verschiedene Substanzen miteinander reagieren. Mit diesem Wissen können Chemiker neue Materialien erschaffen, etwa synthetische Textilien, oder Wege finden, wichtige Rohstoffe wie Salz zu gewinnen.

DIE WISSENSCHAFTLICHE METHODE

Es gibt viele verschiedene Gebiete in der Wissenschaft, aber Wissenschaftler folgen im Allgemeinen einer bestimmten Methode, um die Welt zu verstehen. Ein wichtiger Bestandteil der wissenschaftlichen Methode ist das Experimentieren. Experimente ermöglichen es Wissenschaftlern, Hypothesen (vorgeschlagene Erklärungen) zu testen.

Beobachtung

Die wissenschaftliche Methode beginnt mit sorgfältigen Beobachtungen eines einzelnen Aspekts der Natur. Wissenschaftler können etwas im Labor oder auch in der Welt um sich herum beobachten.

Hypothese

Danach überlegt sich der Forschende eine mögliche Erklärung für die Beobachtungen: eine Hypothese. Eine Hypothese sollte auf schon bekannten wissenschaftlichen Kenntnissen aufbauen und eine Aussage sein, die man überprüfen kann, etwa durch ein Experiment.

Experiment

Ein Experiment muss ein Wissenschaftler sorgfältig planen und möglichst viele Aspekte genau kontrollieren. Typischerweise macht man eine Vorhersage, wie das Experiment ausgehen sollte, damit es die Hypothese bestätigt oder auch widerlegt.

Auswertung und Theorie

Wenn der Ausgang des Experiments die Hypothese bestätigt, kann diese Teil einer Theorie werden – eines allgemein anerkannten Aussagensystems, das viele verschiedene Beobachtungen erklären kann. Gut getestete Theorien sind etwa die Evolutionstheorie oder die Urknalltheorie.

FACH-GEBIETE

Moderne Wissenschaftler sind Spezialisten, die in einem von vielen Fachbereichen arbeiten. Einige fallen in die Hauptgebiete Biologie, Chemie und Physik, andere verbinden Wissen aus mehreren Bereichen. Ein wissenschaftlicher Durchbruch auf einem Gebiet kann ein anderes beeinflussen: So führt die Entdeckung der Gen-Editierung, eine Methoden zur Veränderung des Erbmaterials von Lebewesen, zu Fortschritten in Medizin und Landwirtschaft.

Fortschritte führen zu neuen Gebieten wie der synthetischen Biologie, die im Labor Organismen erzeugt.

ANWENDUNGEN

Das Wissen aus den vielen Fachgebieten kann praktisch genutzt werden – z. B. zur Entwicklung neuer Medikamente, Materialien oder Maschinen wie Roboter. Fachgebiete wie die Informatik (Computerwissenschaft) oder die Materialwissenschaft gelten als angewandte Wissenschaften.

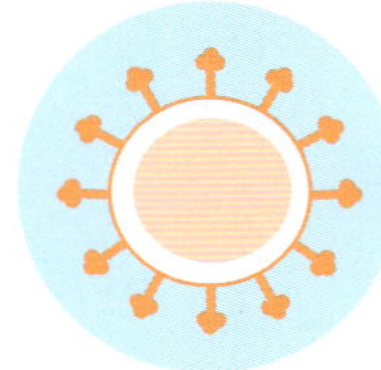

BIOCHEMIE

Biochemiker erforschen die komplizierten chemischen Reaktionen in den Zellen, die Lebewesen am Leben erhalten.

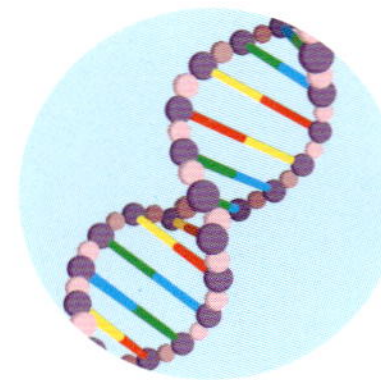

GENETIK

Genetiker untersuchen, wie DNA (Desoxyribonukleinsäure) Informationen in den Zellen speichert und an die nächste Generation weitergibt.

FORENSIK

Forensiker analysieren mit biologischen, chemischen und physikalischen Methoden Indizien und Spuren vom Tatort und tragen zur Aufklärung von Verbrechen bei.

GEOLOGIE

Geologen studieren die Gesteine und Mineralien, aus denen unser Planet besteht, und die enormen Kräfte, die die Landschaften formen.

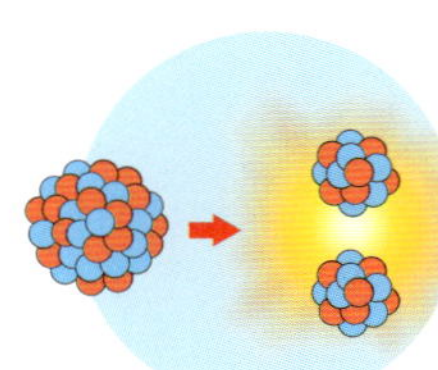

KERNPHYSIK

Kernphysiker erforschen den Atomkern und wie bestimmte Kerne radioaktiv zerfallen.

BIOLOGE

Die Biologie ist die Wissenschaft von den Lebewesen: vom Aufbau der Zellen bis zu der Art, wie verschiedene Organismen wachsen, sich verhalten und mit ihrer Umwelt wechselwirken.

CHEMIE

Die Chemie ist die Erforschung von Stoffen wie Elementen, Gemischen und auch den einzelnen Atomen. Sie erkundet ihre Eigenschaften und wie sie miteinander reagieren.

PHYSIK

Die Physik ist die Erforschung von Energie, Kräften und von der Materie, aus der die Welt besteht. Darunter fallen auch Schall, Elektrizität, Wärme, Magnetismus, Licht und der Aufbau von Atomen.

Zoologie
Zoologen studieren den Körper und das Verhalten von Tieren sowie ihre Evolution (die stammesgeschichtliche Entwicklung über Jahrmillionen).

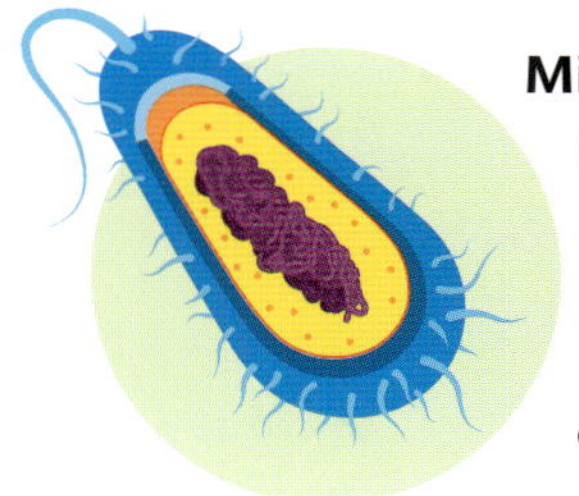

Mikrobiologie
Mikrobiologen erforschen Lebewesen, die so klein sind, dass man sie ohne Mikroskop nicht sehen kann, etwa Bakterien oder einzellige Pilze.

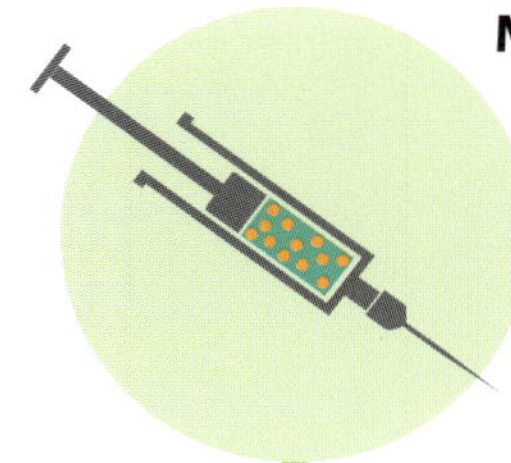

Medizin
Mediziner wenden Wissen aus vielen Bereichen der Biologie auf den Menschen an, um Krankheiten zu bekämpfen und die Gesundheit zu erhalten.

Botanik
Botaniker studieren den Lebenszyklus und den Aufbau verschiedener Pflanzen und ihre Evolution.

Ökologie
Ökologen studieren die Beziehungen zwischen verschiedenen Arten sowie zwischen Lebewesen und ihren Lebensräumen.

Paläontologie
Paläontologen erforschen Lebewesen, die vor langer Zeit lebten, vor allem durch die Untersuchung von fossilen Überresten toter Pflanzen und Tiere.

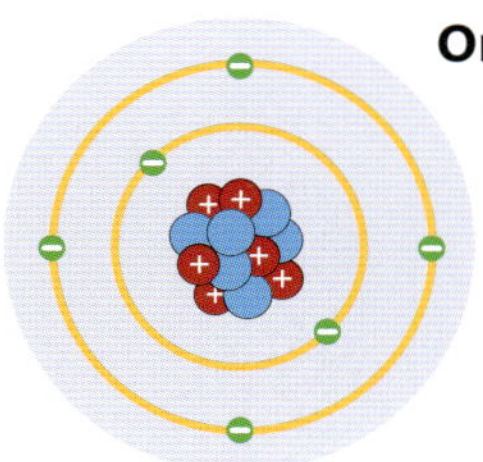

Organische Chemie
Die organische Chemie beschäftigt sich mit Reaktionen, bei denen einige der beteiligten Stoffe vor allem das Element Kohlenstoff enthalten.

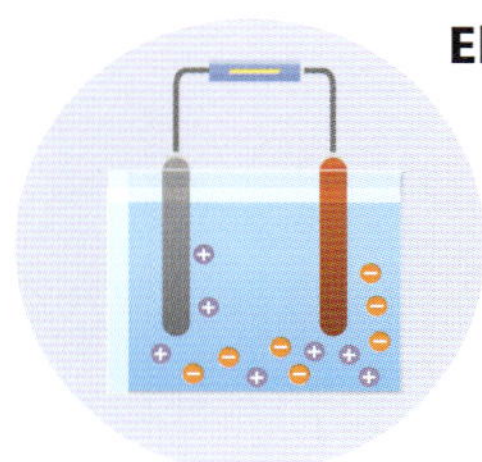

Elektrochemie
Elektrochemiker erforschen, wie Elektrizität an Reaktionen beteiligt ist: Wie sie Reaktionen ablaufen lässt oder durch Reaktionen erzeugt wird.

Anorganische Chemie
Die anorganische Chemie erforscht Reaktionen von Stoffen, die das Element Kohlenstoff nicht enthalten, vor allem Reaktionen von Metallen.

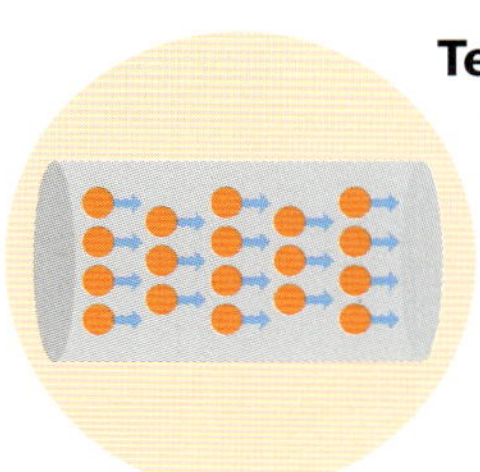

Teilchenphysik
Teilchenphysiker erforschen winzige Teilchen, die kleiner als Atome sind, und wie sie miteinander wechselwirken.

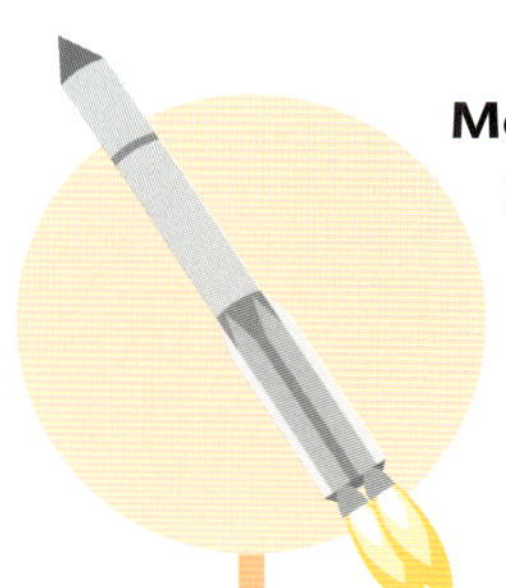

Mechanik
Die Mechanik ist das Studium von Kräften und Bewegungen. Mit diesem Wissen kann man etwa Maschinen konstruieren.

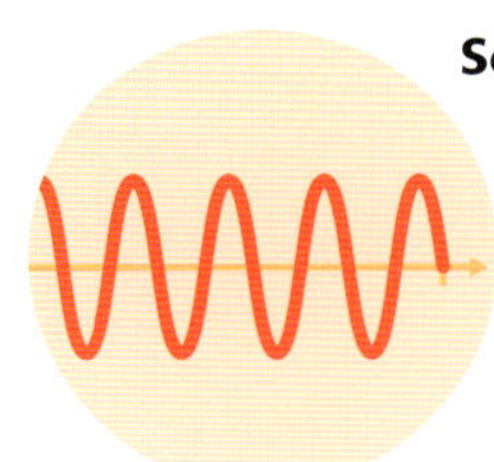

Schwingungen, Wellen
Physiker erforschen auch schwingende Objekte sowie Schall, Licht und andere Energieformen, die sich als Wellen ausbreiten.

Astronomie
Astronomen erforschen Objekte im Weltraum, etwa Planeten und Monde, die Sonne und andere Sterne und Galaxien.

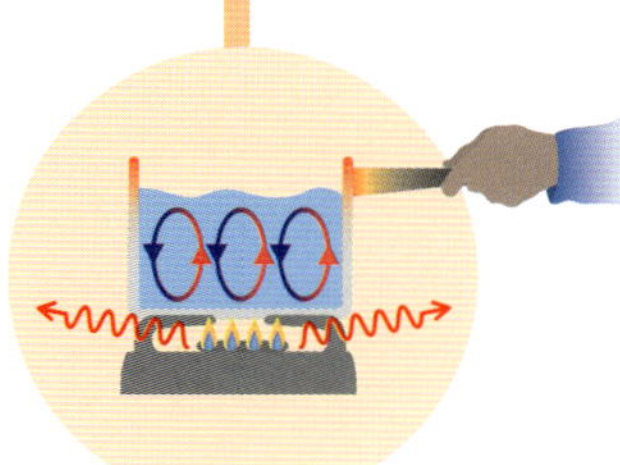

Thermodynamik
Dieses Gebiet der Physik studiert, wie Energie in Form von Wärme zwischen Objekten übertragen wird.

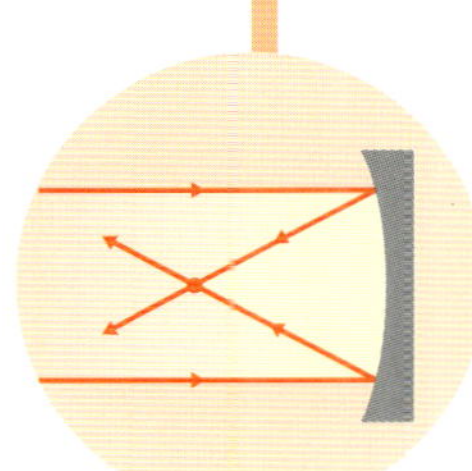

Optik
Die Optik studiert, wie Licht mit verschiedenen Materialien wechselwirkt, etwa wie es reflektiert und gebrochen wird.

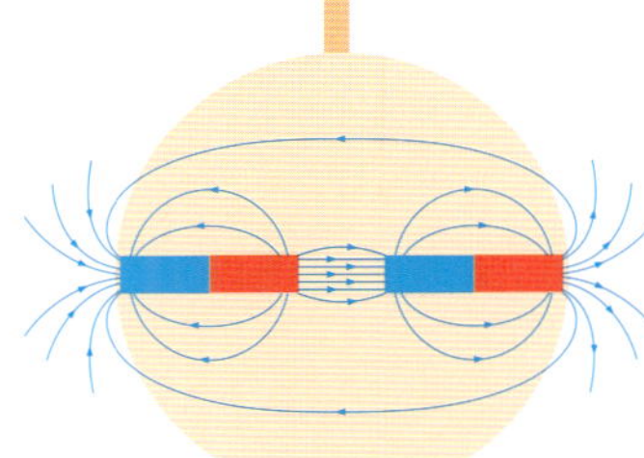

Elektromagnetismus
Elektromagnetismus untersucht die Beziehung zwischen Elektrizität und Magnetismus.

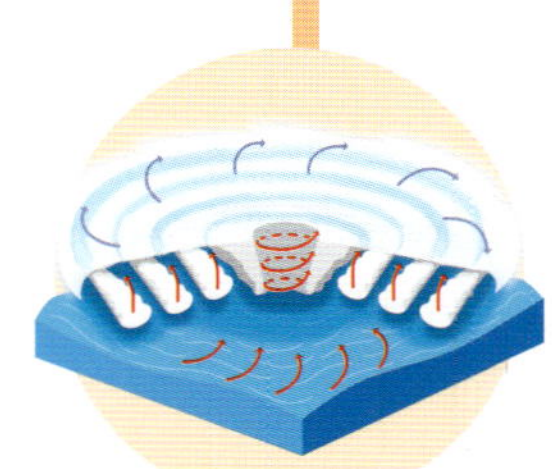

Meteorologie
Meteorologen erforschen, wie sich Wärmeenergie in der Luft und im Wasser verhält und so Wettermuster erzeugt.

1

LEBEN UND ARBEITEN

Der Alltag um uns herum steckt voller Wissenschaft. Mit wissenschaftlichen Techniken und Methoden können wir mehr Lebensmittel produzieren und das Trinkwasser reinigen. Die moderne Welt wird auch durch die vielen Formen der Energieerzeugung angetrieben, die Forschende entwickelt haben: von Windkraftanlagen bis zu Kernkraftwerken.

ANBAU OHNE ACKER

HYDROPONIK

Pflanzen ohne Boden und Sonnenlicht wachsen zu lassen erscheint seltsam, aber viele große Farmen machen das mit einer Methode, die man Hydroponik nennt. In großen Hallen wachsen die Wurzeln in einer Lösung aus Wasser und Nährstoffen, und spezielle Lampen liefern Licht und Wärme. Hydroponikfarmen kann man überall errichten, und sie produzieren das ganze Jahr über. Die häufigsten Produkte sind Gemüse wie Salat und Tomaten sowie weiche Früchte.

AQUAPONIK

Aquaponik verbindet Hydroponik und Aquakultur (Fischfarmen). Die Pflanzen wachsen in einem Tank zusammen mit Fischen, Krebsen oder Muscheln. Die Ausscheidungen der Tiere enthalten einen Stoff namens Ammoniak, der für sie selbst giftig, aber ein ergiebiger Dünger für Pflanzen ist. Die Pflanzen nehmen das Ammoniak auf und halten das Wasser rein.

Pflanzen in Hydroponikanlagen brauchen bis zu 90 Prozent weniger Wasser als Pflanzen auf gewöhnlichen Feldern.

LEBENSZYKLUS VON PFLANZEN

Der Lebenszyklus einer Pflanze wie der Tomate beginnt, wenn der Samen gesät wird. Der Samen keimt und wird zum Sämling, der zur Pflanze heranwächst.

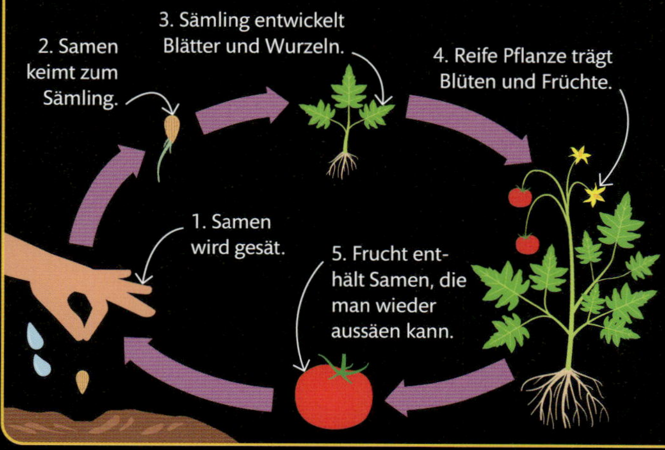

Hydroponikfarmen

In der Hydroponik sät man Samen nicht in den Boden, sondern in ein anderes, oft schwammartiges Material. Es wird mit einer Nährlösung befeuchtet, die aus einem Tank eingepumpt wird. Kunstlicht ahmt das Sonnenlicht nach, damit die Pflanzen wachsen und Früchte tragen.

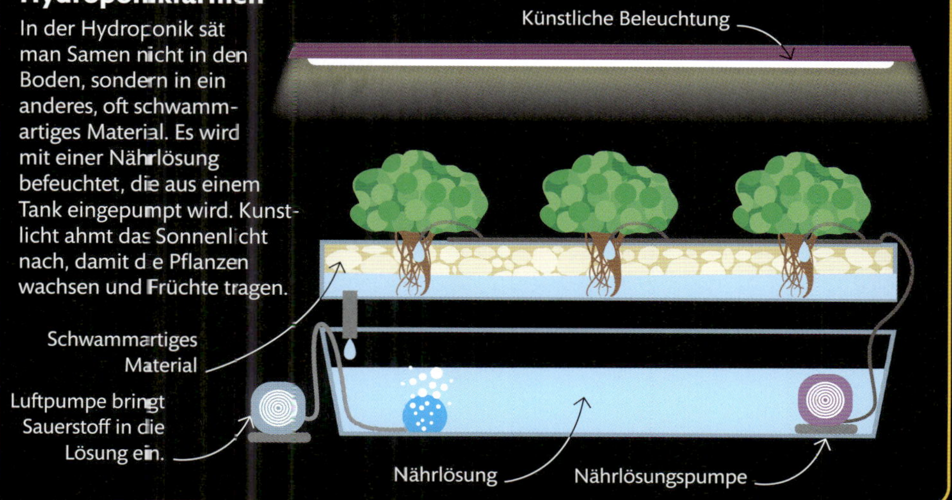

Mengen von Kopfsalat

In dieser Anlage in Rikuzentakata (Japan) wächst Salat in einem runden Bett. Das Bett rotiert langsam und die jungen Pflanzen wandern dabei spiralförmig nach außen. Nach 30 Tagen erreichen sie den Rand und werden geerntet.

LERNENDE MASCHINEN

AUTONOME ROBOTER

Viele moderne Roboter sind autonom – sie können eigenständig Entscheidungen treffen. Roboter wie selbstfahrende Autos oder Ernteroboter bewegen sich und wechselwirken mit der Umwelt. Dazu nutzen sie künstliche Intelligenz (KI), die es den Maschinen ermöglicht zu lernen und diese gelernten Informationen anzuwenden, um Vorhersagen zu machen und aus Möglichkeiten zu wählen. So können sie Aufgaben ausführen, ohne ständig von Menschen gesteuert zu werden.

BURGER-ROBOTER

Roboter sind besonders gut für Wiederholungsvorgänge geeignet. Ein Roboter namens Flippy überwacht mithilfe von Sensoren Fleischpattys bei der Zubereitung von Burgern und erkennt, wann sie gewendet werden müssen und wann sie fertig sind.

KÜNSTLICHE INTELLIGENZ (KI)

Künstliche Intelligenz nennt man es, wenn Roboter oder Computer nachahmen, wie Menschen lernen und Entscheidungen treffen. Eine Methode dazu heißt Maschinenlernen. Dazu sammelt der Roboter Daten (z. B. Bilder), analysiert sie und zieht daraus Schlussfolgerungen. Wenn ein Ernteroboter Bilder von Früchten aufnimmt, kann er aus dem Gelernten die Frucht identifizieren und entsprechend handeln. Je mehr Bilder er hat, desto mehr Daten kann er auswerten und desto besser wird die Genauigkeit.

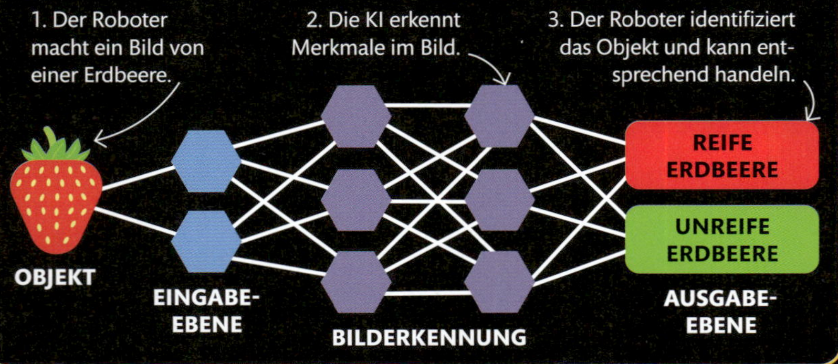

Ein Ernte-roboter kann bis zu 360 Kilogramm Erdbeeren am Tag ernten.

Fruchtpflücker
Mit KI erkennt ein autonomer Roboter wie dieser Ernteroboter, ob eine Erdbeere reif ist und gepflückt werden kann. Dann pflückt er die reife Erdbeere vorsichtig mit dem Greifarm, ohne die zarte Frucht zu beschädigen.

Kalkdüngung

Ein Bauer bringt auf den Feldern seines Hofes in Merseyside (Großbritannien) Kalksteinmehl (fein gemahlenen Kalkstein) aus. Dies hebt den pH-Wert eines zu sauren Bodens näher an den neutralen pH-Wert 7, sodass die Pflanzen besser wachsen.

BODENVERBESSERUNG

SÄUREN NEUTRALISIEREN

Nicht alle Böden sind gleich: In manchen Gebieten sind sie saurer als in anderen. Das chemische Gegenteil einer Säure nennt man Base (oder auch Lauge). Wenn Säuren und Basen zusammenkommen, neutralisieren sie sich. Da Pflanzen am besten in Böden gedeihen, die weder zu sauer noch zu basisch sind, streuen Bauern auf sauren Böden oft basische Stoffe wie Kalk aus. Der Kalk neutralisiert nicht nur die Säure im Boden, sondern hilft Pflanzen dabei, Nährstoffe aufzunehmen. Würmer und bestimmte Mikroorganismen, die für einen guten Boden wichtig sind, leiden ebenfalls unter sauren Verhältnissen, sodass Kalk auch sie fördert.

Regenwasser ist leicht sauer und löst Kalk auf, sodass sich in Kalkfelsen im Lauf der Zeit Höhlen bilden.

PFLANZEN UND PH-WERTE

Alle Pflanzen werden vom pH-Wert des Bodens beeinflusst. Das hat manchmal interessante Folgen. Hortensien wie diese haben blaue Blüten, wenn sie auf saurem Boden wachsen, und rosa Blüten, wenn sie auf stärker basischem Boden wachsen.

SÄUREN UND BASEN

Wissenschaftler beschreiben den sauren bzw. basischen Charakter von Stoffen mit der pH-Skala. Auf dieser Skala ist der Wert 0 sehr sauer, 14 ist sehr basisch und 7 ist neutral. Um den pH-Wert einer Substanz zu bestimmen, verwenden Chemiker Indikatoren: Stoffe, die je nach pH-Wert ihre Farbe ändern. Einer der verbreitetsten heißt Universalindikator, dessen Farbskala hier zu sehen ist. Er ist eine Mischung verschiedener Einzelindikatoren, die je nach pH-Wert die Farbe ändern.

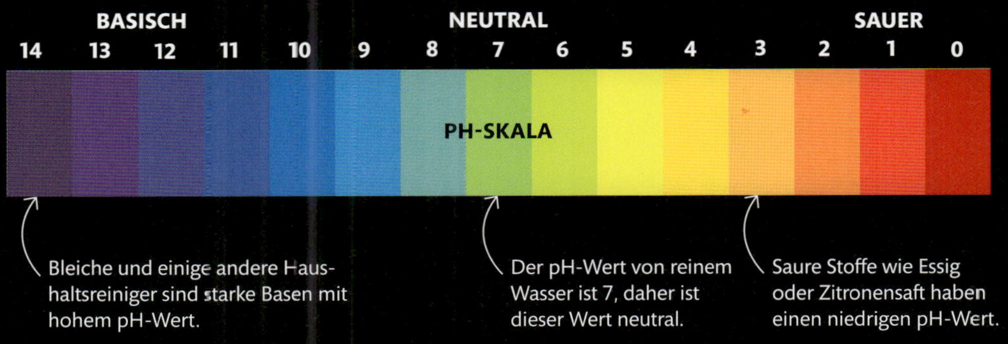

Historiker schätzen, dass die Menschen seit 7500 Jahren Käse herstellen.

Von der Traube zum Wein

Eine Form der Fermentation, die alkoholische Gärung, verwandelt Traubensaft in Wein. Hefe (ein einzelliger Pilz) verdaut den Zucker der Trauben und wandelt ihn in Alkohol und Kohlendioxid um. Dann wird der Wein gelagert (hier in Eichenfässern), damit er Farbe und einen charakteristischen Geschmack entwickelt.

Kakaobohnen

Schokolade wird aus den Kakaobohnen (den Samen des Kakaobaums) hergestellt. Sie werden mehrere Tage lang unter Bananenblättern fermentiert, wobei Pilze und Bakterien Geschmacksstoffe bilden. Dann breitet man sie in der Sonne zum Trocknen aus (hier im Bild), bevor sie zu Schokolade verarbeitet werden.

Brotteig

Hefe ist das Triebmittel beim Backen von Brot. Der winzige Pilz verbraucht den Zucker im Teig und gibt Kohlendioxid ab. Diesen Vorgang nennt man auch Gärung. Gasblasen, die im Teig eingeschlossen sind, dehnen sich beim Backen aus, sodass der Teig aufgeht und das fertige Brot eine leichte, luftige Textur hat.

Reifung von Käse
In diesem Keller in Frankreich klopft ein Käser die Käselaibe ab, um zu prüfen, wie reif sie sind. Einige würzige Käsesorten reifen mehrere Jahre lang. So können Bakterien und Schimmelpilze den Käse weiter fermentieren und Geschmack und Konsistenz verändern sich weiter.

AKTIVE INHALTSSTOFFE

MIKROBEN IM ESSEN

Mikroorganismen sind winzige Lebewesen, die man mit dem bloßen Augen nicht sehen kann. Auch Mikroben genannt, sind einige als Krankheitserreger gefürchtet, aber der Geschmack oder die Textur vieler beliebter Lebensmittel beruht auf Mikroorganismen. Mikroben wie Bakterien, Hefe oder Schimmel verändern die chemische Zusammensetzung von Lebensmitteln durch einen natürlichen Vorgang, der Fermentation heißt. Menschen fermentieren seit Jahrtausenden Lebensmittel, damit sie länger halten, besser schmecken oder nahrhafter sind.

BAKTERIEN IM KÄSE

In einem frühen Schritt der Käseherstellung mischt man ein gelbes Pulver, das Bakterien enthält, in Bottiche voller Milch. Die Bakterien ernähren sich von dem energiereichen Milchzucker und wandeln ihn in Substanzen um, die die Milch aushärten lassen.

FERMENTATION

Fermentation ist eine natürliche chemische Reaktion, die auftritt, wenn Mikroben Nahrung aufnehmen. Verschiedene Mikroben führen zu verschiedenen Typen der Fermentation. Die Mikroorganismen nehmen die Zucker im Lebensmittel (etwa der Milch beim Käse) auf und wandeln diese dann in Substanzen um, die einen bestimmten Geschmack geben. Beim Käse produzieren die Mikroben Milchsäure, die ihm nicht nur den Geschmack gibt, sondern ihn auch haltbarer macht.

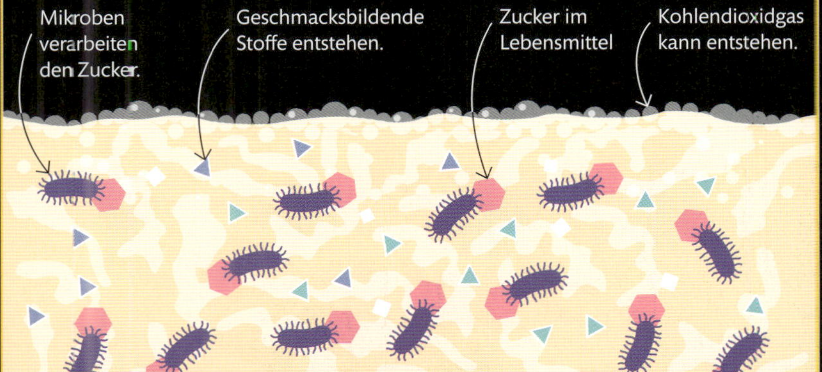

FERMENTATION

Mehr Nährstoffe

Forscher vom John Innes Centre in Norwich (Großbritannien) haben eine genetisch modifizierte violette Tomate entwickelt, indem sie in normale Tomaten ein Gen vom Löwenmaul (einer violetten Blume) einfügten. Das erhöht den Gehalt an Anthocyanin, einer Substanz, die gesundheitsfördernd sein und sogar das Risiko für einige Krankheiten wie Krebs verringern soll.

NEUARTIGE PFLANZEN

GENTECHNIK

Da die Weltbevölkerung stetig wächst, will man die Nahrungsproduktion effizienter machen. Eine Möglichkeit ist, die Eigenschaften von Nutzpflanzen zu ändern, indem man die Gene, die Erbinformation in den Zellen, verändert. So erschafft man genetisch modifizierte Organismen (GMOs), die mehr Nährstoffe enthalten, resistenter gegen Schädlinge sind oder weniger Wasser zum Wachsen brauchen. Die Sicherheit beim Verzehr wird sorgfältig geprüft, aber es gibt viele Bedenken über langfristige Folgen der gentechnischen Veränderungen.

NEUE FRÜCHTE
In den 1990er-Jahren zerstörte das Papaya-Ringspot-Virus die Plantagen auf Hawaii (USA). Eine genetisch veränderte Papayasorte wurde entwickelt, die gegen das Virus resistent ist. Damit wurden die Plantagen wieder aufgebaut.

GENE

Gene sind Abschnitte auf der DNA (siehe S. 190), einer Substanz in den Zellen von Lebewesen. Sie bestimmen die Merkmale eines Lebewesens. Gene werden vererbt: Die Nachkommen erben Kopien der Gene von den Elternteilen. In den letzten Jahren wurden neue Techniken entwickelt, mit denen Wissenschaftler die Gene von Pflanzen und sogar Tieren verändern können.

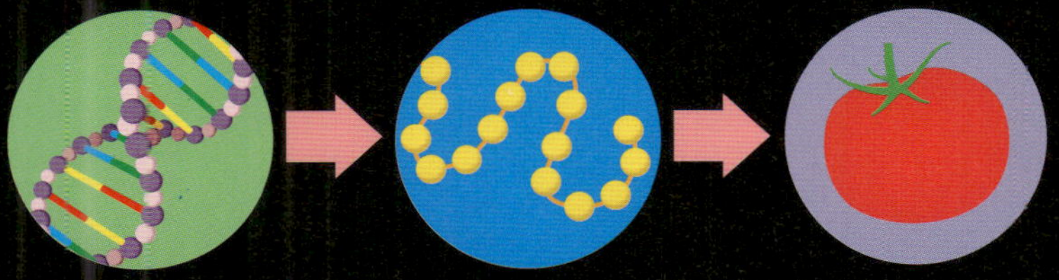

DNA
DNA ist wie eine verdrehte Leiter geformt. Diese Form heißt Doppelhelix. Gene sind Abschnitte der DNA.

Proteine
Jedes Gen in der DNA ist ein Code mit Anweisungen, wie eine Zelle ein bestimmtes Protein herstellen kann.

Merkmal
Verschiedene Proteine tragen dazu bei, dass Lebewesen verschiedene Merkmale (etwa die Fruchtfarbe) haben.

Forscher modifizieren Pflanzen so, dass sie im Weltraum überleben – als Nahrung für Astronauten.

EXPERIMENTE IM WELTRAUM

PFLANZEN IN DER SCHWERELOSIGKEIT

Auf der Internationalen Raumstation (ISS) führen Astronauten viele Experimente durch. Sie untersuchen, wie Feuer in der Schwerelosigkeit brennt, studieren Strahlung von Sternen – und züchten Pflanzen. Diese liefern nicht nur frische Nahrung, sondern sie fördern auch die seelische Gesundheit der Besatzung. Da die Astronauten keine Erde verwenden können, weil sie in der Schwerelosigkeit davonschweben würde, halten sie die Pflanzen mit den Wurzeln in Beuteln mit Nährstofflösung.

ESSBARES GRÜN

Das meiste Essen auf der ISS kommt in Beuteln von der Erde, aber man hat auch an Bord frisches Gemüse angebaut. Wenn die Menschen bei zukünftigen Raumfahrtmissionen noch weiter reisen wollen, etwa zum Mars, müssen Astronauten ihre Nahrung selbst züchten können.

PFLANZENWACHSTUM

Im Weltraum brauchen Pflanzen die gleichen Dinge wie auf der Erde. Am wichtigsten sind Wasser, Minerale und Licht. Auf der ISS kommt das Licht aus Lampen, die auch Wärme spenden. Nährstoffe, die sonst in der Erde sind, werden im Wasser gelöst.

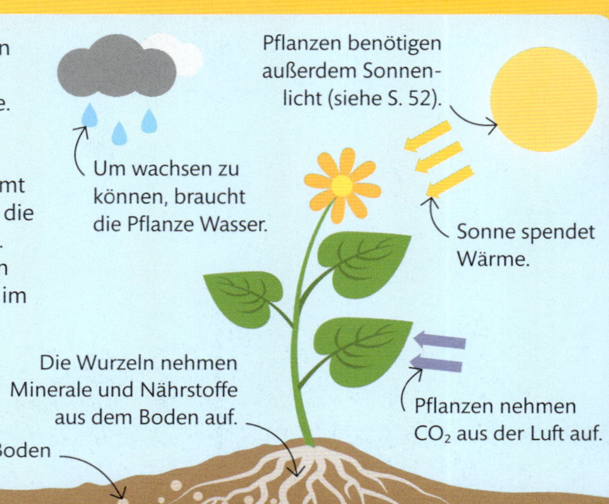

Weltraumblumen

Im Jahr 2016 waren diese bunten Zinnien die erste Blumen, die im Weltall blühten. Das Experiment war ein Teil des NASA-Projekts „Veggie" auf der ISS, das zeigte, dass man im Weltall Pflanzen anbauen kann.

Im Jahr 2015 aßen Astronauten auf der ISS erstmals frisch geernteten Kopfsalat.

BRUNNEN AUS EIS

EISSTUPAS

In Teilen der kalten, trockenen Gebirge der Himalajaregion in Asien fallen nur 50 bis 70 Millimeter Regen pro Jahr, und es wird bis zu –30 °C kalt. Auf den Gipfeln bleibt der Schnee liegen, aber die Ebenen sind im Sommer trocken. Forscher haben einen Weg gefunden, Schmelzwasser in Form von Kegeln einzufrieren, die sie Eisstupas nennen (nach einem traditionellen kuppelförmigen Bauwerk in der Region, das Stupa heißt). So wird das Wasser gespeichert, um es zur Bewässerung zu verwenden.

BEWÄSSERUNG IM SOMMER

Die Bauern am Fuße des Himalaja hängen von dem Schmelzwasser der Gletscher ab, aber durch den Klimawandel wird die Wasserversorgung immer unsicherer. Mit der Erwärmung der Erde verschwinden manche Gletscher vollständig und die Bauern müssen andere Wege finden, das Wasser zu speichern, um im Sommer die Felder zu bewässern.

Wasserspeicher

Dieser Stupa wurde von einer Gruppe junger Ingenieure im Bezirk Leh im Territorium Ladakh (Indien) errichtet. Er dient als Wasserspeicher. Durch die Kegelform ist nur eine kleine Fläche direkt der Sonne ausgesetzt, sodass das Eis viel langsamer schmilzt als ein flacher Eisblock. Da der Stupa hohl ist, wurde im Inneren ein Café eröffnet.

AGGREGATZUSTÄNDE

Materie kann in drei Zuständen vorkommen: fest, flüssig und gasförmig. Das Eis im Stupa ist fest, aber die gleiche Substanz kann auch flüssig (Wasser) und gasförmig (Wasserdampf) sein. Feststoffe haben eine feste Form, weil ihre Moleküle stark aneinander gebunden sind. In Flüssigkeiten und Gasen sind die Bindungen schwächer, sodass Flüssigkeiten die Form ändern können und Gase keine feste Form haben. Eisstupas nutzen aus, dass flüssiges Wasser bei niedrigen Temperaturen zu festem Eis gefriert und bei Erwärmung wieder schmilzt.

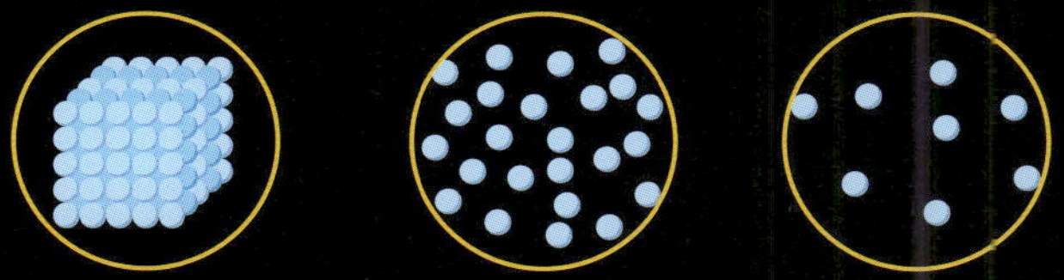

Fest
Die Moleküle sind im Eis dicht gepackt.

Flüssig
Die Moleküle im Wasser haben Platz sich zu bewegen.

Gasförmig
Die Moleküle im Dampf können sich frei bewegen.

Wie man einen Eisstupa macht

Ingenieure legen Rohre ins Gebirge, um Schmelzwasser von Gletschern zu sammeln. Das Wasser wird dann in die eiskalte Luft gesprüht, sodass es zu festem Eis gefriert. Wenn die Temperatur im Sommer steigt, schmilzt der Stupa wieder.

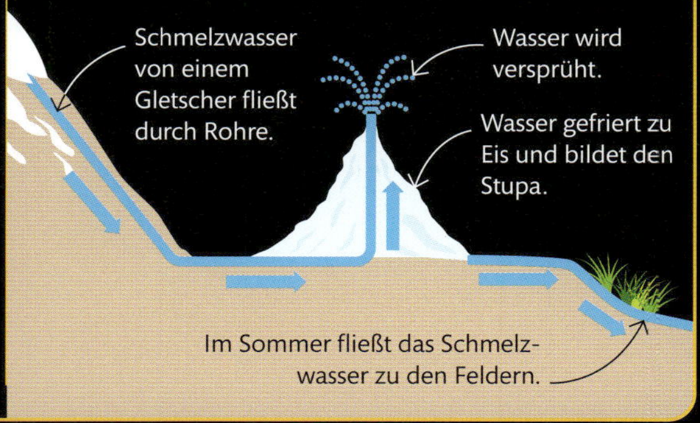

An der Spitze wird Wasser versprüht und gefriert in der kalten Luft.

Ein 21 Meter hoher Eisstupa kann 1,9 Millionen Liter Wasser enthalten.

WASSER ERNTEN

NEBELFÄNGER

In Gebieten auf der Erde mit wenig Regen wird Wasser aus ungewöhnlichen Quellen gewonnen. In regenarmen Regionen mit viel Nebel sind Nebelfänger eine kostengünstige Lösung. Die einfachen Konstruktionen sammeln die Wassertröpfchen im Nebel und liefern Trinkwasser, ohne Energie zu verbrauchen. Nebel besteht aus unzähligen winzigen Wassertröpfchen, die in der Luft schweben. Wenn der Wind den Nebel durch den Nebelfänger treibt, bleiben an dem feinen Netz haften.

NETZDESIGN
Ein Nebelfänger ist keine geschlossene Fläche, denn dann würde der Wind um ihn herum wehen statt hindurch. Vielmehr besteht er aus einem feinen Netz. Die Fäden bieten zusammen eine große Oberfläche, um möglichst viel Wasser aus dem Nebel aufzufangen.

An einem sehr nebligen Tag kann CloudFisher bis zu 600 Liter Wasser sammeln.

In den Wolken

CloudFisher (engl. für Wolken-Fischer) ist ein Nebelfängersystem mit Netzen, die auch starkem Wind standhalten. Es steht auf dem Berg Boutmezguida, der in einer trockenen, aber nebligen Gegend von Marokko liegt, und liefert Wasser für etwa 1600 Menschen.

AGGREGATZUSTANDSÄNDERUNGEN

Wasser kann in drei Zuständen vorkommen (siehe S. 25): flüssig, fest (Eis) und gasförmig (Wasserdampf). Es ändert den Zustand, wenn sich die Temperatur ändert. Wenn die Temperatur sinkt, wird ein Gas zu einer Flüssigkeit. Diesen Vorgang nennt man Kondensation.

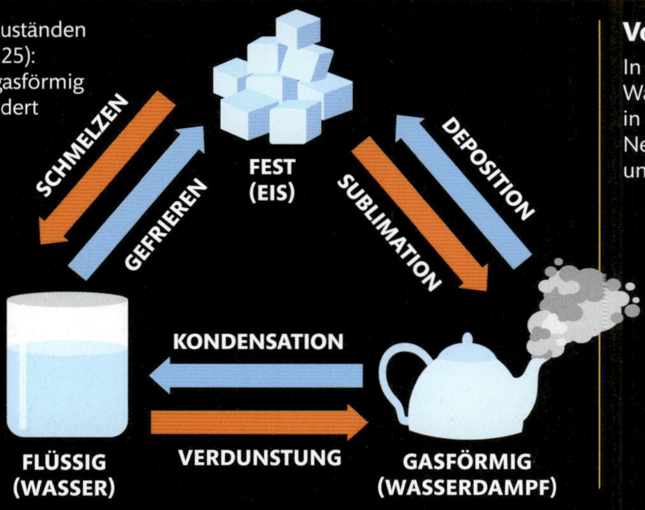

Vom Nebel zum Wasser

In der kühlen Morgenluft kondensiert Wasserdampf zu Tröpfchen, die als Nebel in der Luft schweben. Im Netz des Nebelfängers fangen sich die Tröpfchen und fallen in eine Rinne.

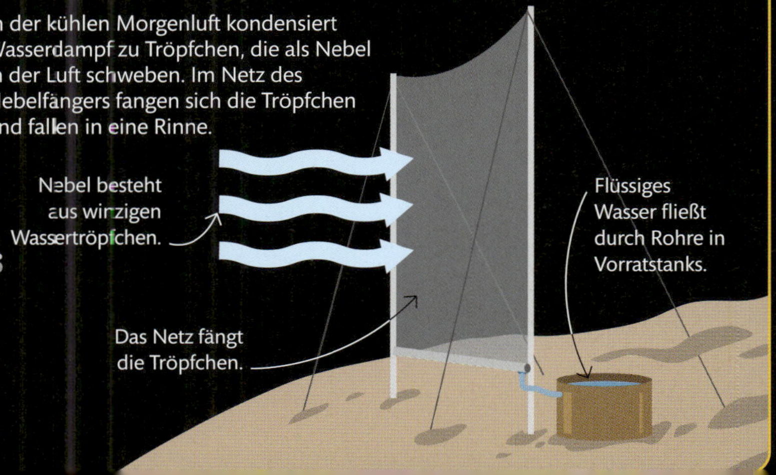

GEWINNUNG VON SALZ

GEMISCHE TRENNEN

Der Stoff, den wir Speisesalz nennen, ist für viele Zwecke nützlich, nicht nur zum Würzen von Speisen. Er besteht vor allem aus dem Mineral Natriumchlorid, das auf der Erde häufig vorkommt, aber meist in Wasser gelöst ist. Man kann es nicht ausfiltern, aber durch Verdunstung abtrennen. Wenn Salzwasser in stehenden, flachen Gewässern gefangen ist, lässt die Sonnenwärme das Wasser verdampfen, und das Salz bleibt zurück.

WINTERSTRASSEN

Salz wird im Winter auf die Straßen gestreut, wo es sich mit Regen und Schnee zu Salzwasser mischt. Dieses hat einen niedrigeren Schmelzpunkt als reines Wasser, sodass es bei kälteren Temperaturen flüssig bleibt. Dadurch vereisen die Straßen nicht und sind besser zu befahren.

VERDUNSTUNG

Salzwasser ist eine Lösung, das heißt ein Gemisch, in dem ein Stoff (das Solvat) in einer meist flüssigen Substanz, dem Lösemittel (oder Solvens), gelöst ist. Das Salz ist das Solvat. Man kann das Solvat abtrennen, wenn man das Lösemittel verdampfen lässt. Das Lösemittel, also das flüssige Wasser, wird zu Gas (Wasserdampf) und die festen Salzkristalle bleiben übrig.

1. Das Salzwasser wird vorsichtig erhitzt.

2. Das Wasser verdampft und die übrige Lösung wird immer konzentrierter und salziger.

3. Wenn alles Wasser verdampft ist, sind nur noch Salzkristalle übrig.

Salzpfannen

Salz kann man in natürlichen Ebenen abbauen, die man Salzpfannen nennt. Eine der größten Salzpfannen der Welt ist der Salar de Uyuni in Bolivien, ein ausgetrockneter See mit über 10 000 m^2 Fläche. Der Salar de Uyuni ist auch eine Quelle für Lithium, Magnesium und Kalium.

Der Salar de Uyuni enthält schätzungsweise 10 Milliarden Tonnen Salz.

SONNENSCHUTZ

SCHATTENBÄLLE

In einigen trockenen, sonnigen Gebieten wie Kalifornien (USA) bedeckt man Trinkwasserreservoirs mit schwarzen Plastikkugeln, die Schattenbälle heißen, um Wasser zu sparen. Sie verringern die Verdunstung und das Wachstum von Algen und verhindern, dass das Sonnenlicht mit Substanzen im Wasser reagiert und es untrinkbar macht. Man schätzt, dass die bewegliche, schwimmende Schicht die Verdunstung um 90 Prozent verringert und mindestens 25 Jahre hält. Aber einige Forscher fürchten, dass über so lange Zeit durch das Plastik im Wasser giftige Substanzen gebildet werden.

Über 780 Millionen Menschen waren im Jahr 2019 ohne direkten Zugang zu sauberem Trinkwasser.

ALGENBLÜTE
Ein Boot fährt im Eriesee in Ohio (USA) durch eine dichte Schicht aus Algen. Unter bestimmten Bedingungen vermehren sich diese Wasserorganismen sehr schnell, brauchen allen Sauerstoff im Wasser auf und erzeugen Substanzen, die für Fische und andere Tiere giftig sind.

PLASTIK (KUNSTSTOFF)

Plastik hat viele nützliche Eigenschaften: Es ist leicht und biegsam, aber auch stark und wasserfest. Plastik besteht aus Molekülen, die man Polymere nennt: lange Ketten aus kleineren Molekülen, den Monomeren, die meist aus Kohlenstoff und Wasserstoff bestehen. Schattenbälle werden aus dem Polymer Polyethylen (PE) hergestellt, das aus Ethenmolekülen gemacht wird. Aus Polyethylen produziert man auch Plastiktüten, Flaschen und viele andere Gegenstände.

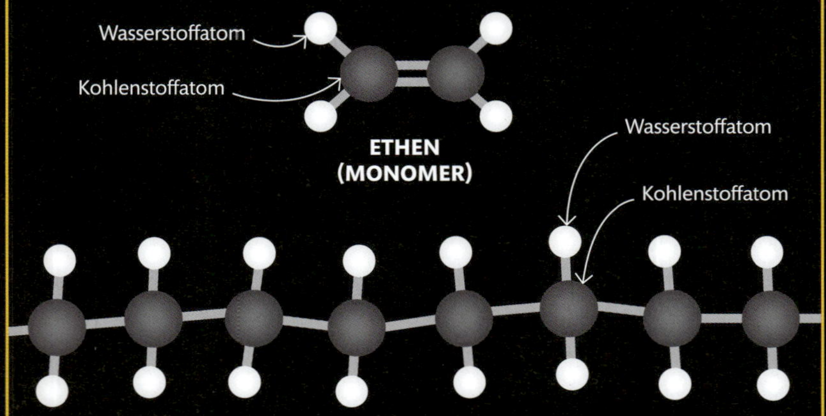

ETHEN (MONOMER)

POLYETHYLEN (POLYMER)

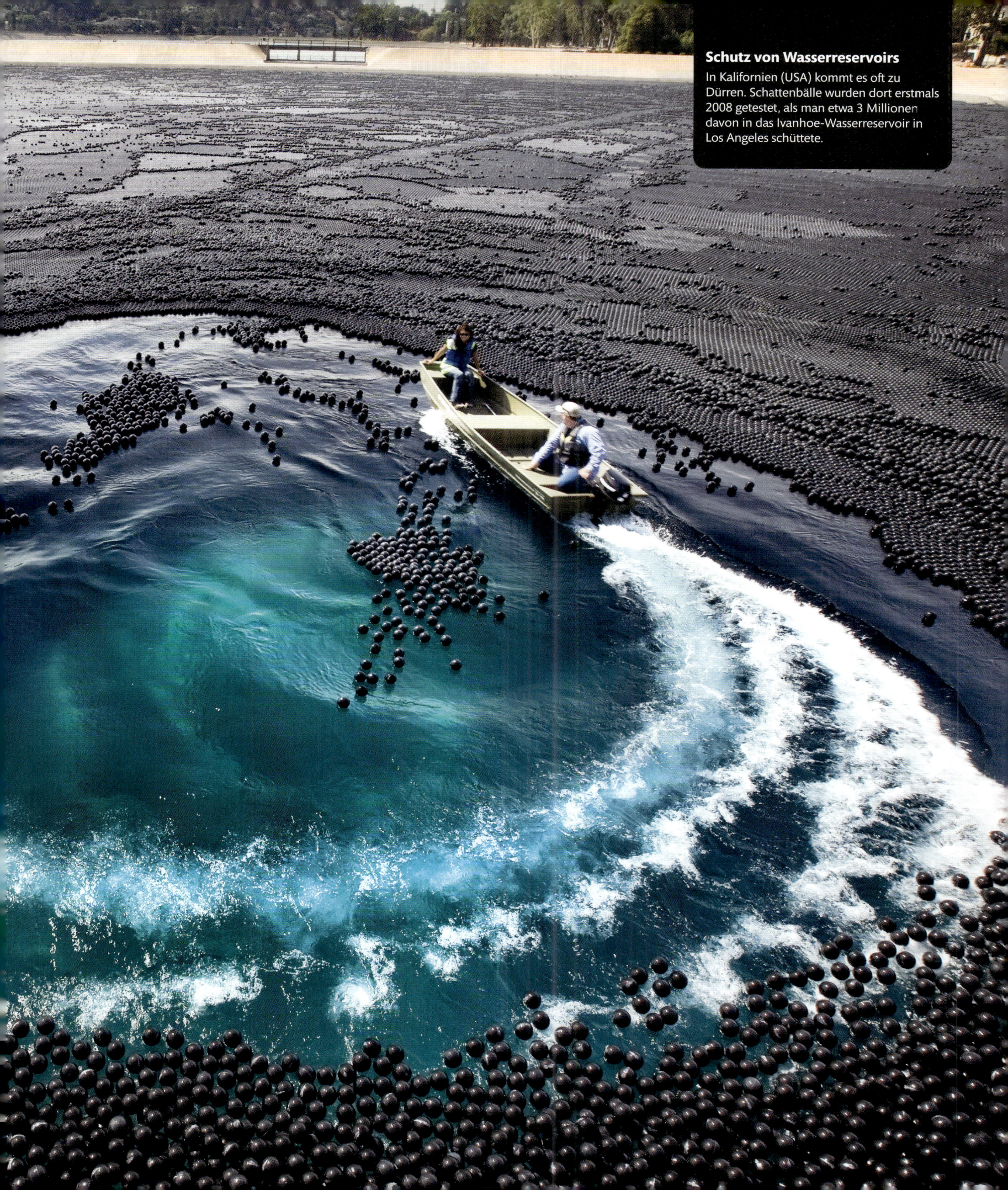

Schutz von Wasserreservoirs

In Kalifornien (USA) kommt es oft zu Dürren. Schattenbälle wurden dort erstmals 2008 getestet, als man etwa 3 Millionen davon in das Ivanhoe-Wasserreservoir in Los Angeles schüttete.

ABWASSER-BEHANDLUNG

KLÄRANLAGEN

Milliarden Liter verschmutztes Wasser aus Industrie, Landwirtschaft und Haushalten fließen jedes Jahr in die Kanalisation. Dieses Abwasser enthält menschliche Ausscheidungen und alle möglichen schädlichen Bakterien und chemischen Stoffe. Deshalb muss man es gut reinigen, bevor es zurück in die Umwelt gelangt. Die Abwasserbehandlung ist essenziell, um Wassermangel vorzubeugen. Sie ist ein mehrstufiger Prozess mit physikalischen, chemischen und biologischen Methoden, um das Wasser aufzubereiten. Eine Stufe trennt durch sogenannte Sedimentation feste Abfälle vom Wasser.

SCHLAMMKUCHEN

Der getrocknete feste Rest der Abwasserbehandlung heißt Schlammkuchen und kann wieder genutzt werden. Schlammkuchen wird in der Landwirtschaft als Dünger verwendet, der Pflanzen beim Wachsen hilft, weil er eine große Menge Nährstoffe enthält.

SEDIMENTATION

Sedimentation ist eine physikalische Methode, bei der Feststoffe durch die Schwerkraft zu Boden sinken. Das Abwasser fließt in ein Sedimentations- oder Absetzbecken (unten), wo sich feste Anteile wie menschliche Fäkalien am Boden absetzen und von einem Räumer (einem langsam rotierenden Rechen) gesammelt werden. Leichte Stoffe wie Öl und Schaum treiben zur Oberfläche und werden abgeschöpft.

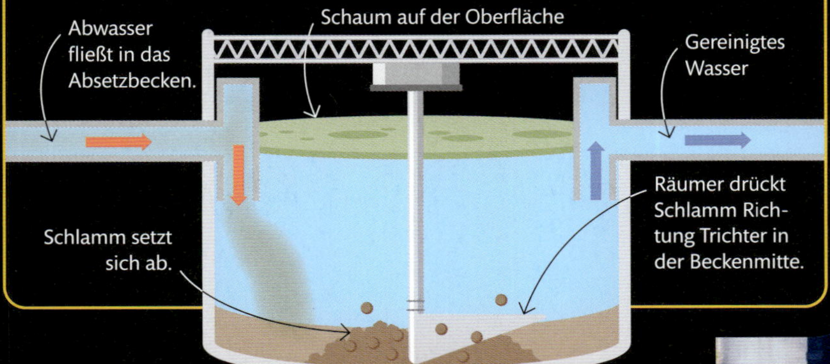

Mit dem Abwasser aus dem Jahr 2020 hätte man 144 Millionen olympische Becken füllen können.

Kläranlage
Diese Reihe von zwölf Absetzbecken in einer Kläranlage in Sha Tin (Hongkong) reinigt zusammen mit den anderen Klärstufen über 1 Mrd. Liter Abwasser jeden Tag.

UNTER STROM

STROMVERSORGUNG

Ein Großteil der Elektrizität wird in Anlagen wie Kohle- oder Kernkraftwerken und Wind- oder Solarparks erzeugt und über ein komplexes System von Leitungen in Haushalte und Betriebe weitergleitet, das man Stromnetz nennt. Stromnetze bestehen aus Kabeln und weiterer Infrastruktur wie Umspannwerken und Trafostationen, die den Strom mit möglichst geringen Verlusten über weite Entfernungen transportieren. Elektrizität ist ein Strom geladener Teilchen, den Elektronen.

ELEKTRISCHER STROM

Elektrischer Strom ist die Bewegung winziger Teilchen, Elektronen genannt. In einem Metalldraht bewegen sich Elektronen frei und in verschiedene Richtungen. Wenn der Draht mit einer Stromquelle, etwa einem Generator oder einer Batterie, verbunden ist, bewegen sich die Elektronen gemeinsam in die gleiche Richtung.

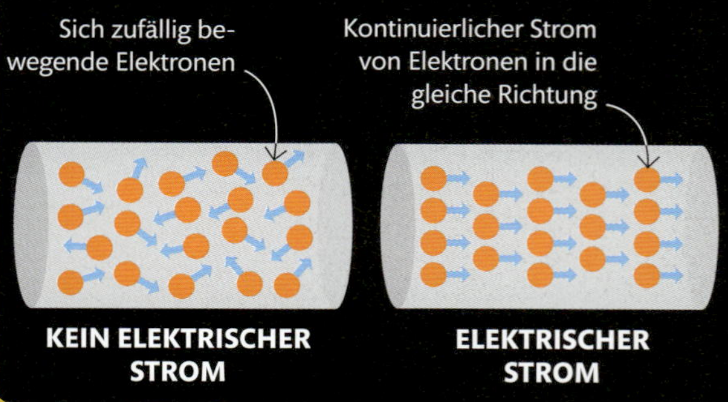

Der größte Hochspannungsmast der Welt steht in China und hat eine Höhe von 370 Metern.

Strom für eine ganze Stadt

Ein Netz von Hochspannungsleitungen transportiert Elektrizität über große Entfernungen. Offene Kabel werden an sogenannten Freileitungsmasten hoch über dem Boden geführt, wo sie keine Gefahr für die Menschen darstellen.

Transport des Stroms

Den „Druck", der den Strom durch Drähte und Kabel bewegt, nennt man Spannung. Je höher die Spannung ist, desto weniger Energie geht beim Stromfluss in den Kabeln verloren. Am Kraftwerk erhöht ein Transformator (kurz: Trafo), auch Umspanner genannt, die Spannung. Beim Verbraucher verringert ein weiterer Trafo die Spannung wieder.

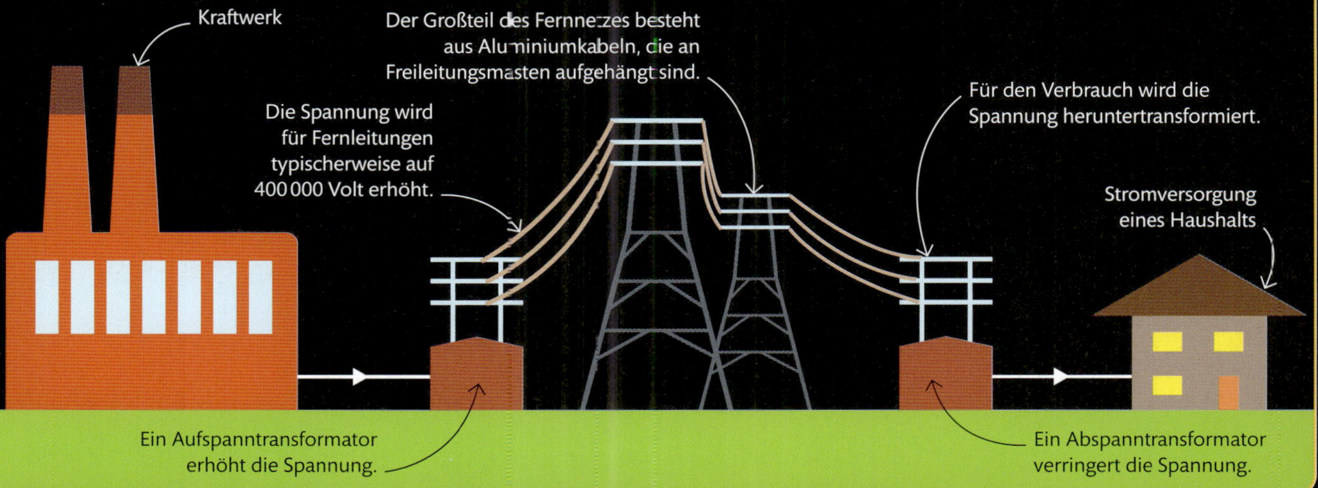

Kühltürme
Der Dampf, der in einem Kernkraftwerk entsteht, muss gekühlt werden, nachdem er die Turbinen angetrieben hat, und strömt als Wasser wieder in den Reaktorkern. Separates Kühlwasser kühlt den Dampf und wird dabei selbst warm. Es wird durch Verdunstung in riesigen Kühltürmen gekühlt, wie hier am Kernkraftwerk Nowoworonesch (Russland).

Derzeit sind auf der ganzen Welt über 400 Kernkraftwerke in Betrieb.

ATOMENERGIE

KERNKRAFTWERKE

Kernenergie produziert etwa zehn Prozent der Elektrizität der Welt. Sie nutzt die enormen Energiemengen, die in Atomen vorhanden sind. Die Energie wird freigesetzt, wenn man Atomkerne in kleinere Teile spaltet. Kernkraft (auch Atomkraft genannt) ist keine erneuerbare Energie, weil sie Brennstoff benötigt. Außerdem bleiben schädliche Materialien zurück. Kernkraftwerke erzeugen aber keine problematischen Treibhausgase, anders als Kraftwerke, die fossile Brennstoffe wie Kohle, Öl oder Gas verbrennen.

KERNSPALTUNG

Um Energie aus dem Atomkern freizusetzen, wird ein Neutron auf den Kern bestimmter instabiler Atome wie Uran geschossen. Dabei wird Energie frei und einige Neutronen schießen heraus. Sie können weitere Kerne spalten, wobei immer mehr Energie frei wird. Diesen Vorgang nennt man Kettenreaktion.

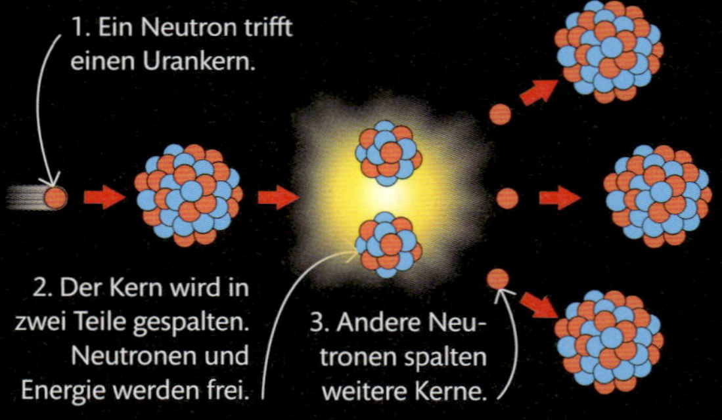

REAKTORKERN

Ingenieure blicken in den abgeschalteten Kern eines Reaktors, in dem Brennstäbe aus Uran in einem Wassertank sitzen. Uran eignet sich gut als Kernbrennstoff, weil es instabil ist, sodass die Atomkerne leicht gespalten werden können. Einige Kernkraftwerke nutzen andere Brennstoffe wie Plutonium.

Von der Spaltung zum Strom

Die Atomkerne werden in einem Teil des Kraftwerks gespalten, den man Reaktorkern nennt. Dort werden Steuerstäbe aus Grafit zwischen den Brennstäben aus Uran ein- und ausgeschoben. Grafit absorbiert Neutronen und bremst so die Kettenreaktion, wenn das nötig ist. Die Hitze der Kettenreaktion erhitzt Wasser zu Wasserdampf, der durch Turbinen geleitet wird, um Strom zu erzeugen.

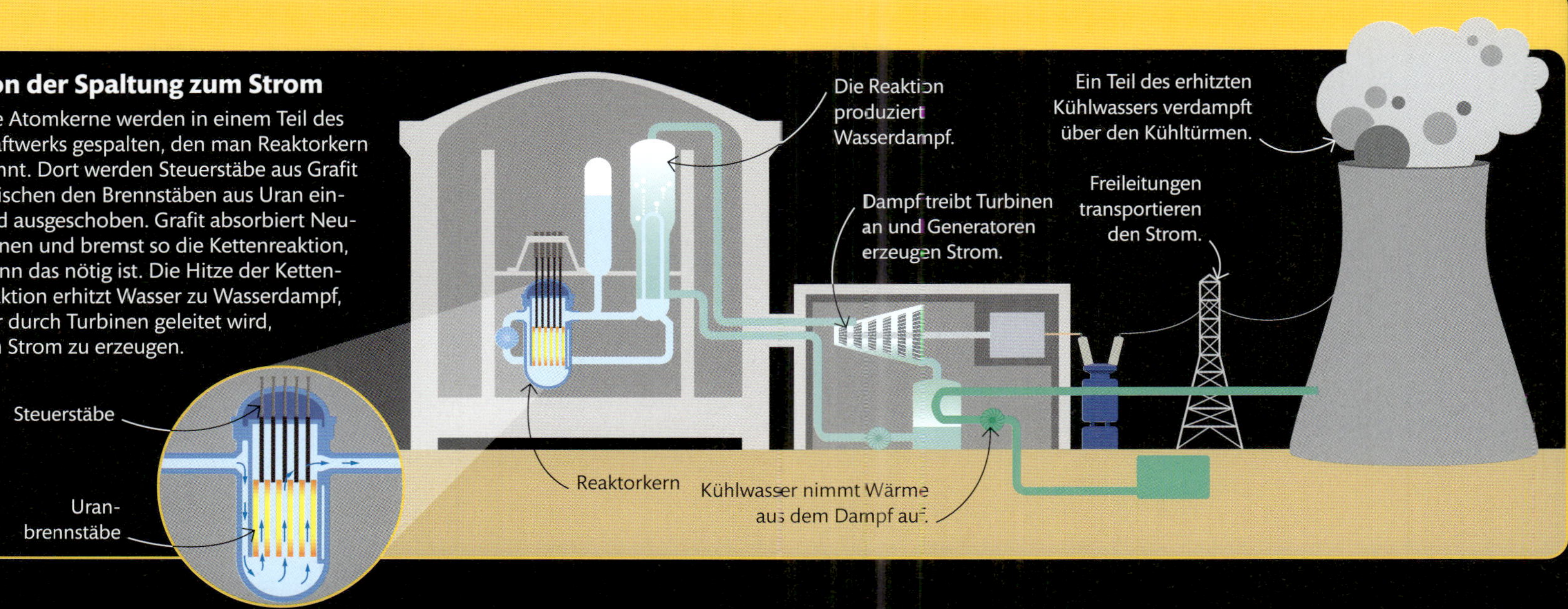

Kernfusion
Dieser Reaktor, der in den USA im Bau ist, soll Energie durch eine Reaktion erzeugen, die man Kernfusion nennt. Dabei stoßen Atomkerne so heftig zusammen, dass sie „fusionieren" (miteinander verschmelzen) und enorme Energiemengen freisetzen.

MIT DER KRAFT DER SONNE

SONNENENERGIE

Die Sonne strahlt enorme Mengen Licht und Wärme ab. Diese Energie ermöglicht das Leben auf der Erde. Mithilfe von Technologien wie Solarzellen, die meist zu Solarpaneelen zusammengefügt werden, kann man Sonnenenergie auch in Elektrizität umwandeln. Sonnen- oder Solarenergie ist eine schnell wachsende Quelle sauberer erneuerbarer Energie und könnte bis 2050 den Großteil des Energiebedarfs auf der Welt decken.

Jedes Solarpaneel ist 34 m lang.

DIE SONNE

Die Sonne ist der erdnächste Stern und besteht aus mehreren Schichten extrem heißen Plasmas. Die Energie wird im Zentrum durch Kernreaktionen erzeugt und dann in den Weltraum abgegeben.

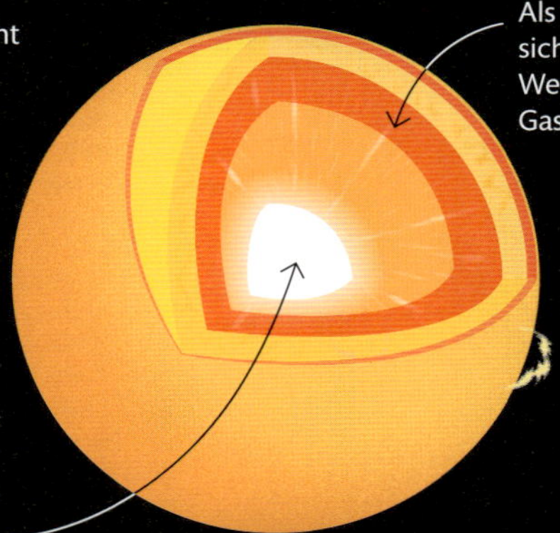

Als Strahlung bahnt sich die Energie den Weg durch mehrere Gasschichten.

Im Kern der Sonne wird Energie durch einen Prozess namens Kernfusion erzeugt.

Elektrizität aus Sonnenenergie

Solarzellen werden zu Paneelen zusammengeschaltet, um möglichst viel Lichtenergie in Elektrizität umzuwandeln. Wenn das Sonnenlicht auf die Zelle trifft, wird die Energie absorbiert und löst Elektronen aus Atomen, sodass sie frei beweglich werden. So kann elektrischer Strom fließen (siehe S. 34).

SONNE

Die Energie des Sonnenlichts setzt Elektronen in der Solarzelle frei.

Die Elektronen fließen als elektrischer Strom.

Solarboot

Solarzellen können zum Antrieb von Verkehrsmitteln wie der *Tûranor PlanetSolar* dienen, dem größten solargetriebenen Boot der Welt. Es ist mit über 500 m² Solarzellen bedeckt.

Versorgung der ISS

Die Internationale Raumstation (ISS), die die Erde umkreist, wird von Solarpaneelen an flügelartigen Strukturen mit Strom versorgt. Alles auf der Station wird mit dieser Elektrizität betrieben, von Computern bis zum Lebenserhaltungssystem. Überschüssige Energie wird in Batterien gespeichert und genutzt, wenn die ISS gerade nicht im Sonnenlicht liegt.

Das Licht, das in einer Stunde auf die Erde fällt, könnte den Planeten ein Jahr lang mit Strom versorgen.

In diesem tonnenförmigen Modul befindet sich das japanische Labor Kibō.

Die ISS wurde im Weltraum aus einzelnen Teilen, sogenannten Modulen, zusammengebaut.

Taschenrechner

Einfache Taschenrechner mit einem Flüssigkristalldisplay (LCD) brauchen nur sehr wenig Strom. Solche Taschenrechner haben kleine Solarzellen im Gehäuse die sie Strom versorgen.

Straßenlampen

Viele Straßenlaternen werden heute von Solarpaneelen versorgt. Am Tag wird Strom erzeugt und in Batterien gespeichert. In der Nacht wird die Energie aus den Batterien für die Leuchten genutzt, die sich bei Dunkelheit automatisch einschalten.

ENERGIE-SPEICHER

GROSSE BATTERIEN

Eine der großen Herausforderungen beim Ausbau erneuerbarer Energien ist die ununterbrochene Bereitstellung, auch wenn Wind und Sonne gerade keine Energie liefern. Eine Lösung ist, den erzeugten Strom zu speichern, um ihn später nutzen zu können. Leistungsfähige Akkus (wiederaufladbare Batterien), die genauso funktionieren wie die in Handys, Haushaltsgeräten oder Elektroautos (siehe S. 89), sind eine Möglichkeit, eine zuverlässige Stromversorgung sicherzustellen.

WASSERKRAFT

Speicherwasserkraftwerke nutzen die potenzielle Energie des Wassers. Ein Staudamm hält das Wasser in einem Stausee. Wenn es hangabwärts fließt, treibt es Turbinen an. In nachfrageschwachen Zeiten wird das Wasser wieder in den Stausee gepumpt.

ENERGIE SPEICHERN

Energie ist die Fähigkeit, etwas in Gang zu setzen. Sie kommt in verschiedenen Formen vor, etwa als Licht oder Wärme, und kann auf verschiedene Weisen gespeichert werden. Ein Objekt in entsprechender Lage hat potenzielle Energie, ein Objekt in Bewegung hat kinetische Energie. Eine Batterie ist ein elektrochemischer Energiespeicher.

Ein Schwungrad hat kinetische Energie (Bewegungsenergie).

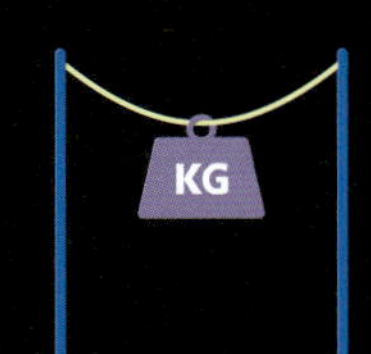

Ein angehobenes Gewicht hat potenzielle Energie (Lageenergie).

Eine gedehnte Feder hat elastische Energie.

Eine Batterie speichert chemische Energie und wandelt sie in Strom um.

Superspeicherbatterien

Lange Reihen großer Batterien in der von der Firma Neoen betriebenen Speicheranlage in Hornsdale (Australien) speichern Energie aus den umliegenden Windkraftanlagen. Die wiederaufladbaren Lithium-Ionen-Akkus ähneln denen in Handys, sind aber viel größer.

Die Batterien von Hornsdale können bis zu 129 Megawattstunden Energie speichern.

AEROLEAF
Die blattförmige Turbine, Aeroleaf genannt, ist etwa 1 m hoch. Sie rotiert um eine senkrechte Achse, wenn der Wind die Schaufeln trifft. Jedes einzelne Aeroleaf kann bis zu 300 Watt elektrische Leistung erzeugen, genug für etwa sechs Computer.

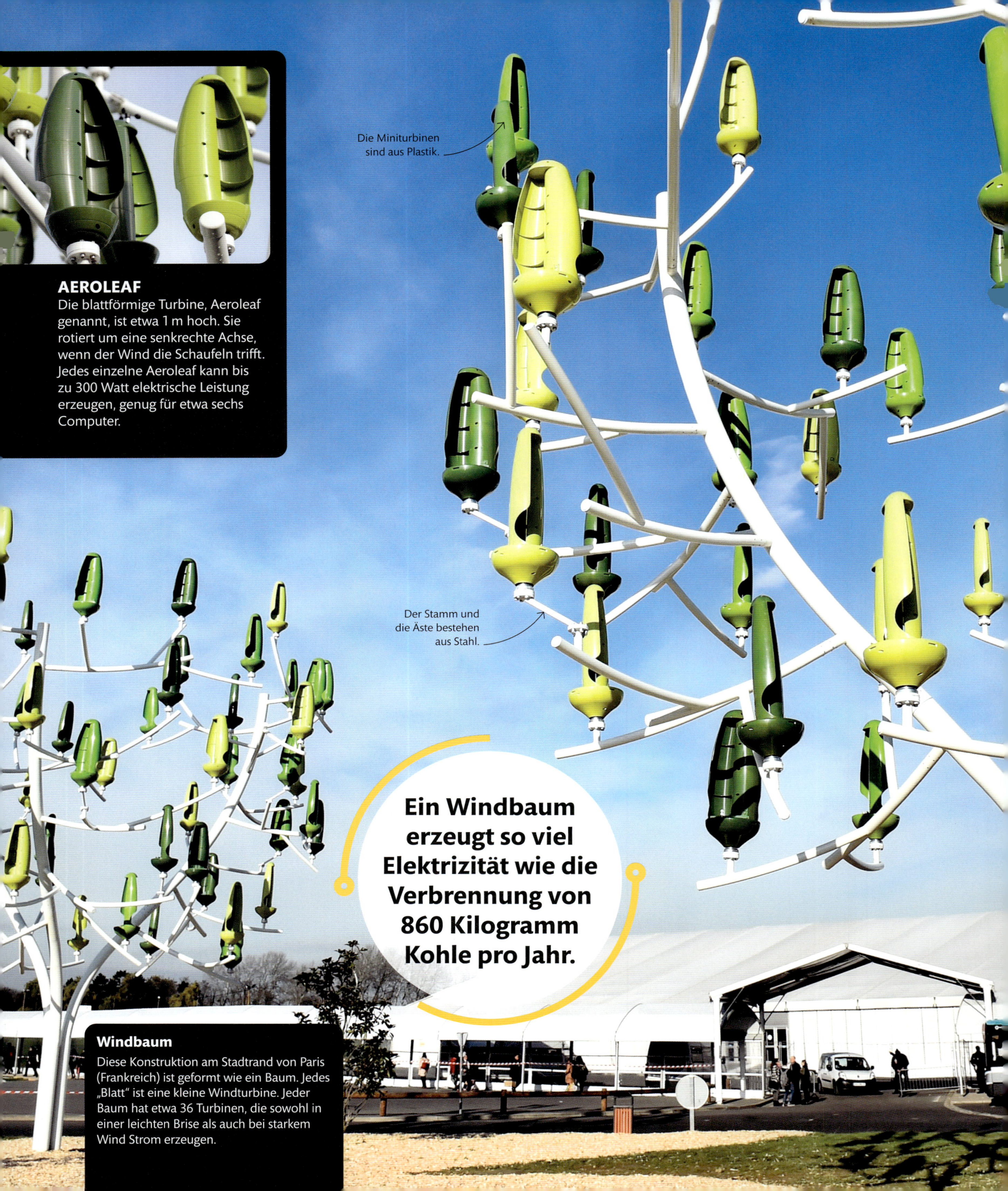

Ein Windbaum erzeugt so viel Elektrizität wie die Verbrennung von 860 Kilogramm Kohle pro Jahr.

Windbaum
Diese Konstruktion am Stadtrand von Paris (Frankreich) ist geformt wie ein Baum. Jedes „Blatt" ist eine kleine Windturbine. Jeder Baum hat etwa 36 Turbinen, die sowohl in einer leichten Brise als auch bei starkem Wind Strom erzeugen.

DEN WIND NUTZEN

WINDENERGIE

Windenergie ist wie einige andere Energiequellen, etwa Sonnenergie und Wasserkraft, erneuerbar. Sie wird nicht aufgebraucht. Der hier abgebildete Windbaum ist relativ klein, aber er nutzt den Wind auf ähnliche Weise wie die gigantischen Windkraftanlagen in Windparks. Windturbinen wandeln die Energie des Windes in elektrische Energie um. Die Rotorblätter werden durch den Wind in Rotation versetzt und treiben über eine Welle einen Generator an, der elektrische Energie erzeugt.

MIKROGENERATION
Windkraftanlagen gibt es in vielen Größen und Formen. Auf Dächern installierte Miniturbinen erzeugen kleine Mengen Energie, mit denen man den Bedarf an Strom eines Haushalts decken kann. Überschuss kann ins öffentliche Stromnetz eingespeist werden.

GENERATOR

Wenn der Wind die Rotorblätter dreht, wird seine Energie in mechanische Bewegungsenergie umgewandelt. Sie treibt einen Generator an: eine Maschine, die mechanische Energie in elektrische umwandelt. Das funktioniert mit Magneten. Die Energie der Rotorblätter dreht eine Drahtspule im Inneren eines Magneten. Dadurch entsteht ein Strom von Elektronen, also elektrischer Strom. Der Strom wird durch Kabel ins Stromnetz eingespeist.

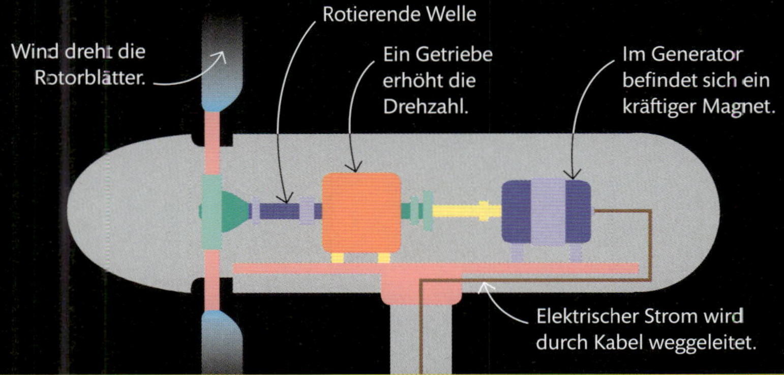

Windpark auf den Wellen
In der Nordsee vor der Küste Dänemarks liegt Horns Rev, einer der größten Offshore-Windparks der Welt. Er wurde in drei Phasen errichtet und umfasst 220 Windkraftanlagen, die Energie für etwa 425 000 Haushalte liefern.

Züchtung von Algen

Algen sind Organismen, die Pflanzen ähneln. Das Bild zeigt sie in einem Reagenzglas im Labor. Sie werden in großen Mengen in Geräten gezüchtet, die man Fotobioreaktoren nennt und die die Algen mit der richtigen Menge Licht und Kohlendioxid versorgen, damit sie möglichst schnell Öl erzeugen.

BIODIESEL-BUS

DeuSEL® – der erste Biodiesel, der aus der Mikroalge *Euglena* hergestellt wird – treibt diesen Bus in Yokohama (Japan) an. Das DeuSEL®-Projekt hat zum Ziel, alternative Kraftstoffe zu produzieren, die die Kohlendioxidemissionen verringern.

GRÜNE ENERGIE

BIOKRAFTSTOFFE

Biokraftstoffe sind Kraftstoffe, die aus Pflanzen, Algen oder tierischen Abfällen hergestellt werden. Anders als fossile Brennstoffe wie Kohle oder Öl, die aus den Resten von Pflanzen und Tieren bestehen, die vor Jahrmillionen lebten, sind Biokraftstoffe erneuerbar, sie gehen also nicht zu Ende. Algen sind eine vielversprechende Quelle für Biokraftstoff. Wenn sie mit Licht und Nährstoffen versorgt werden, produzieren sie ein Öl, das man leicht zu Kraftstoff verarbeiten kann.

ENERGIE AUS MAIS

Auch aus Mais kann man Biokraftstoff gewinnen. In den USA werden jedes Jahr Milliarden Liter von sogenanntem Bioethanol produziert. Zwar ist er eine erneuerbare Energie, aber der Anbau der Pflanzen in großen Mengen hat Folgen für die Umwelt und die Lebensmittelversorgung.

HERSTELLUNG VON BIOKRAFTSTOFF

Algen nehmen beim Wachsen Kohlendioxid aus der Luft aus und produzieren ein Öl, das viel Kohlenstoff enthält. Das Öl wird extrahiert und in Raffinerien zu Kraftstoff z. B. für Fahrzeuge verarbeitet. Beim Verbrennen entsteht wieder die gleiche Menge Kohlendioxid, die die Algen aus der Luft entnommen haben.

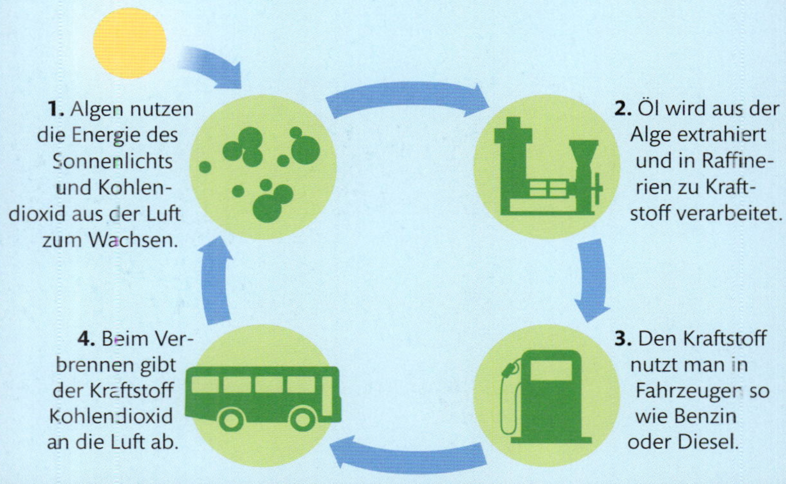

Algen wachsen schnell – einige verdoppeln ihre Masse in unter sechs Stunden.

2

BAUEN UND GESTALTEN

In der Forschung werden ständig neue Maschinen und Materialien entwickelt. Von Kränen für den Hochbau bis zu speziellen Materialien für den Einsatz in der Dunkelheit oder unter Wasser haben wir viele Dinge erfunden, die neue Möglichkeiten bieten. Die Forschung hilft auch, Werkstoffe wie Glas oder Aluminium zu recyceln, um das Klima zu schützen und Ressourcen zu schonen.

VERTIKALE WÄLDER

ÖKOBAUTEN

An vielen Orten der Welt geben Verkehr und Industrie Gase und Teilchen an die Luft ab, die beim Einatmen die Gesundheit schädigen. Es gibt umweltfreundliche Gebäude, die die Luft reinigen. Die Bosco Verticale (ital. für vertikaler Wald) genannten Hochhäuser in Mailand (Italien) tragen Pflanzen an der Fassade, die schädliche Partikel aus der Luft filtern und Kohlendioxid für die Fotosynthese absorbieren – ein Gas, das zum Klimawandel beiträgt (siehe S. 156).

SMOGSAUGER
Dieser Aluminiumturm in Rotterdam (Niederlande) wirkt wie ein Staubsauger für Smog. Er steht in einer Parkanlage, saugt Luft an und filtert Feinstaub (winzige Schmutzteilchen) aus. Er ist effizient und braucht nur so viel Strom wie ein Wasserkocher.

FOTOSYNTHESE

Pflanzen brauchen Kohlendioxid zum Wachsen. Die Blätter wandeln es mithilfe von Wasser und Sonnenlicht in Energie und Sauerstoff um. Diese Reaktion heißt Fotosynthese. Außerdem bleiben an der wachsartigen Oberfläche der großen Blätter Schmutzpartikel haften.

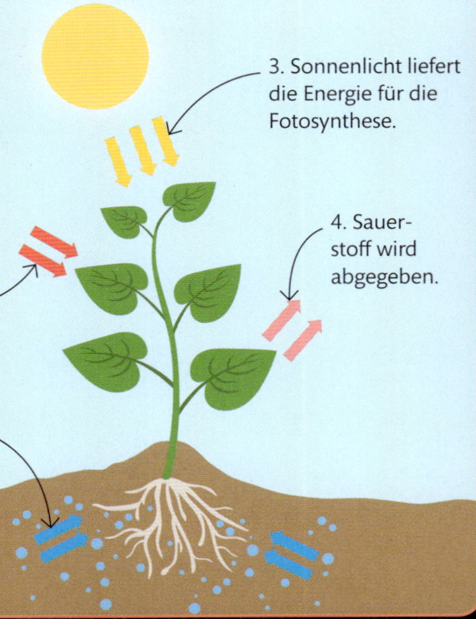

LEBENDE GEBÄUDE

Diese mit Solarenergie versorgten Wohnhausblöcke sind „lebende Gebäude“: Die Vegetation, die auf ihnen wächst, hält die Gebäude und ihre Umgebung im Sommer kühler und erhöht die Luftfeuchtigkeit. Sie zieht auch Vögel und Schmetterlinge an.

Etwa 800 Bäume, 5000 Sträucher und 15 000 weitere Pflanzen bedecken die Gebäude.

Wärme beobachten

Dieses Bild von einem Haus wurde mit einer Infrarotkamera aufgenommen, die verschiedene Temperaturen in verschiedenen Farben darstellt. Es zeigt, dass das Haus durch die Wände Wärme an die kühlere Umgebung verliert. So weiß man, an welchen Stellen man isolieren sollte, um Heizkosten zu sparen.

Ohne Isolierung kann ein Haus bis zu 60 Prozent der im Inneren erzeugten Wärme verlieren.

WÄRME FESTHALTEN

GEBÄUDEDÄMMUNG

Wärme strömt stets vom wärmerem zum kühlerem Ort. Bei Häusern geht sie durch Dächer, Wände, Türen und Fenster leicht an die Außenluft verloren. Die Dämmung oder Wärmeisolierung dient dazu, den Wärmeverlust im Winter zu verringern und im Sommer das Innere auf ähnliche Weise kühl zu halten. Die Dächer und Wände moderner Häuser enthalten meist eine Schicht aus Dämmstoff, also Material, durch das Wärme nur langsam strömt, etwa Hartschaum, Glaswolle oder Kunststoffe. Das macht die Häuser energieeffizienter.

KÜHLUNG
Diese Häuser wurden so gebaut, dass sie im heißen Klima von New Mexico (USA) im Inneren kühl bleiben: aus Lehmziegeln, dem ältesten Baustoff der Welt. Lehmziegel bestehen aus Lehm, der mit Stroh oder Viehdung gemischt und dann getrocknet wird.

WÄRMETRANSPORT

Wärme strömt automatisch von einem warmen Objekt zu kühleren Objekten in der Umgebung. Der Wärmetransport geschieht auf drei Arten: Manche Objekte geben Wärme als Wärmestrahlung – in Form von Wellen – direkt an die Umgebung ab. Zwischen festen Körpern findet Wärmeleitung statt. In Gasen und Flüssigkeiten wird Wärme durch Konvektion übertragen: In einem Kochtopf entstehen Konvektionsströme aus kühlerem (dichteren, absinkenden) Wasser und wärmerem (weniger dichten, aufsteigenden) Wasser.

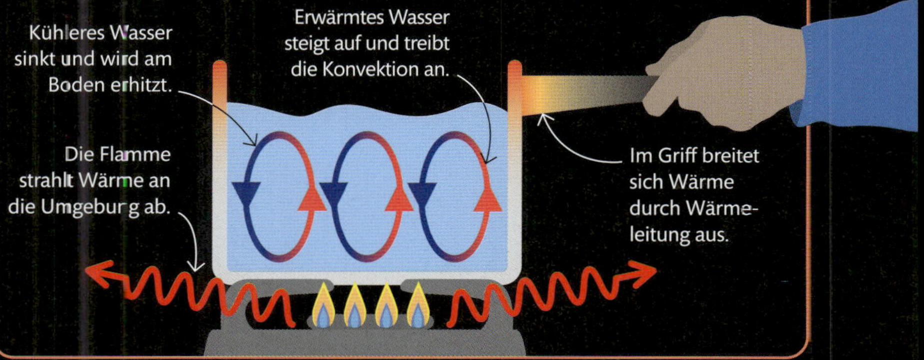

Eisige Basis

Die antarktische Forschungsstation Halley VI erforscht die Atmosphäre in einer der rauesten Gegenden der Erde. Die Station ist für Temperaturen bis –55 °C gebaut und steht auf hydraulischen Stützen, damit die Module immer über Schnee und Eis liegen.

Die Golden-Gate-Brücke hat 500 Hänger. Die Drähte in den Seilen würden dreimal um die Erde reichen.

HINDERNISSE ÜBERQUEREN

HÄNGEBRÜCKEN

Wahrzeichen
Die berühmte Golden-Gate-Brücke in Kalifornien (USA) überspannt eine 1,6 km breite Bucht und verbindet die Stadt San Francisco mit dem Bezirk Marin County. Als sie 1937 eröffnet wurde, war sie die längste und höchste Hängebrücke der Welt.

Die Pylonen (vertikale Tragstrukturen) sind 227 m hoch und tief im Boden verankert.

Eine Brücke ist ein Bauwerk, über das ein Verkehrsweg läuft, auf dem Menschen und Fahrzeuge Flüsse, Buchten, Täler oder andere Hindernisse überqueren können. Es gibt viele Typen, doch die größten Spannweiten haben Hängebrücken. Das Brückendeck wird von Hängern (senkrechten Seilen) gehalten, die an dicken Tragseilen zwischen hohen Pylonen befestigt sind. Hängebrücken sind weniger steif als andere, sodass sie starken Kräften wie bei Erdbeben besser standhalten.

SCHRÄGSEILBRÜCKE
Ein anderer Brückentyp mit Seilen ist die Schrägseilbrücke. Bei ihr ist das Brückendeck mit schrägen Seilen direkt an den Pylonen aufgehängt. Das Bild zeigt die höchste Schrägseilbrücke der Welt an der Grenze zwischen Guizhou und Yunnan (China).

ZUG- UND DRUCKSPANNUNG

Das Gewicht von Fahrbahn und Fahrzeugen zieht an Hängern und Tragseilen. Diese stehen unter Spannung und üben (ähnlich wie Gummibänder) Zugkräfte aus, die das Deck halten. Wo die Tragseile an den Pylonen befestigt sind, ziehen sie nach unten, sodass die Pylonen unter Druckspannung stehen. Wie jedes Objekt unter Druck üben die Pylonen eine Gegenkraft aus, die die ganze Brücke hält.

LASTEN HEBEN

KRÄNE

Beim Bau von Brücken oder Wolkenkratzern sind schwere Lasten zu heben. Dies geschieht mit großen Maschinen, die man Kräne nennt. Sie nutzen Hebel und Flaschenzüge. Hebel und Flaschenzüge sind, ebenso wie Schrauben und Wellräder, Beispiele für sogenannte einfache Maschinen: Vorrichtungen, die die Richtung von Kräften ändern und kleine Kräfte in große umwandeln oder umgekehrt. Fast alle Kräne nutzen vor allem ein System von Flaschenzügen – Seile, die über Rollen laufen – zum Heben der Last.

SCHRAUBENSCHLÜSSEL

Ein Schraubenschlüssel, mit dem man Muttern und Schrauben dreht, ist ein Beispiel für einen Hebel, also eine einfache Maschine. Er dreht sich um einen festen Drehpunkt (hier um die Schraube). Je weiter entfernt vom Drehpunkt man Kraft aufwendet, desto größer ist die Kraft an der Schraube.

FLASCHENZÜGE

Flaschenzüge erleichtern das Heben von Lasten. Eine einfache feste Rolle lenkt die Kraft um: Man hebt die Last, indem man ein Seil nach unten zieht, was angenehmer ist. Wird das Seil über mehrere Rollen geführt, kann man mit der gleichen Zugkraft am Seil sehr viel größere Lasten heben. Die Erfindung heißt nach der Rollenhalterung – der Flasche – Flaschenzug.

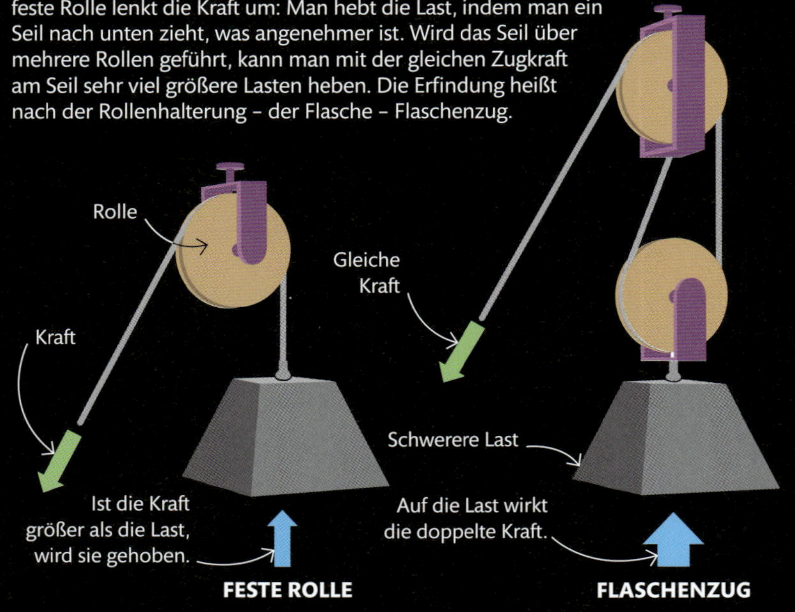

Hochheben

Ein schwimmender Kran hebt ein großes Teilstück der Zhoushan-Daishan-Seebrücke in China, die gerade im Bau ist. Der Kran nutzt zwei verschiedene Flaschenzugsysteme: Eines hebt und senkt die Last am Ausleger, das andere hebt und senkt den Ausleger selbst.

Die langen, dicken Stahlseile laufen im Flaschenzug über viele Rollen.

Dieser Betonträger ist Teil des Fahrbahndecks.

SCHWIMMKRAN

Kräne auf schwimmenden Plattformen, die man auf dem Meer oder in anderen Gewässern einsetzen kann, nennt man Schwimmkräne oder Kranpontons. Sie werden für Bauarbeiten im Wasser, zum Be- und Entladen von Schiffen oder zum Heben von gesunkenen Schiffen oder Wracks verwendet.

Dieser Kran kann Brückenteile von 1800 Tonnen Gewicht heben – so viel wie 400 erwachsene Elefanten.

An der Spitze des Schweiß-brenners werden Temperaturen bis zu 5000 °C erreicht.

Schweißtauchen

Sobald dieser Schweißerlehrling in einer Tauchschule in Südfrankreich beginnt, das Metall zu schneiden, steigen im Wasser Blasen auf. Auch der eigentliche Schweißvorgang läuft in einer Gasblase ab, die sich auf natürliche Weise um den Schweißbrenner herum bildet.

REPARATUREN IM MEER

UNTERWASSER-SCHWEISSEN

Durch Schweißen fügt man Metalle aneinander, indem man beide Teile an der Kontaktstelle schmilzt, sodass sie nach dem Abkühlen miteinander verschmolzen sind. Das Verfahren kommt auch unter Wasser zum Einsatz, etwa bei Reparaturen an Bohrplattformen, Schiffen oder Pipelines. Schweißen ist ein endothermer Vorgang, das heißt, es muss Wärmeenergie zugeführt werden. Weil dazu Elektrizität im Wasser verwendet wird, ist diese Tätigkeit nicht ungefährlich.

LEITER

Wasser ist ein elektrischer Leiter, d. h. Strom fließt hindurch, und Salzwasser ist ein noch besserer Leiter als Süßwasser. Da Unterwasserschweißen oft im Salzwasser geschieht, ist das Risiko, dass der Taucher einen Stromschlag bekommt, ohne entsprechende Sicherheitsmaßnahmen groß.

ENDOTHERM UND EXOTHERM

Chemische Reaktionen und andere Vorgänge können endotherm oder exotherm sein. Beim hier gezeigten Autogenschweißen wird, anders als beim Unterwasserschweißen, eine heiße Flamme zum Schmelzen genutzt. Aber beide Vorgänge sind endotherm: Es wird Wärme zugeführt. Beim Erstarren gibt das Metall Wärme an die Umgebung ab – ein exothermer Vorgang.

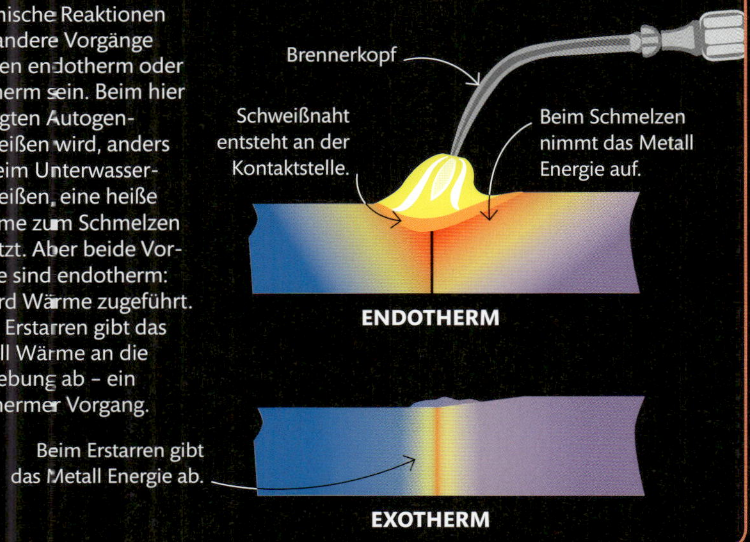

SCHNEID-WERKZEUG

DIAMANTBOHRER

Diamant ist eine sehr harte Form des Elements Kohlenstoff. Ein Element ist ein Stoff, der nur aus einer Sorte von Atomen besteht. Natürliche Diamanten sind sehr alt und entstanden meist vor Milliarden Jahren unter sehr hohem Druck und hohen Temperaturen tief in der Erde. Heute aber kann man Diamanten auch künstlich herstellen. Bei Diamanten denkt man meistens an funkelnde Schmucksteine, aber das härteste natürliche Mineral findet auch Verwendung in der Industrie.

SCHLIFF

Diamanten werden seit jeher als Schmucksteine geschätzt. Rohdiamanten schleift man sorgfältig in Formen mit vielen kleinen Flächen (Facetten). Dringt Licht durch eine Facette ein, wird es im Inneren reflektiert und in Farben getrennt, was den Glanz hervorruft.

MODIFIKATIONEN VON KOHLENSTOFF

In reinem Kohlenstoff können die Atome verschiedene Anordnungen haben. Die bekanntesten Modifikationen sind Diamant und Grafit, aber 1985 wurde eine dritte entdeckt, die man Buckminsterfulleren nennt. Ihre Struktur verleiht ihnen unterschiedliche Eigenschaften: Grafit ist weich und wird z. B. für Bleistiftminen genutzt, während Diamant so hart ist, dass man damit Beton schneiden kann.

DIAMANT

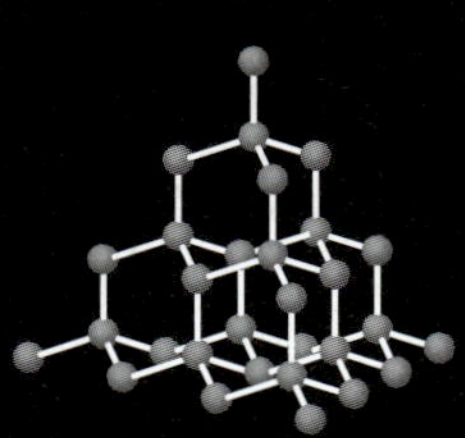

Im Diamant sind die Atome in einer starken, stabilen Pyramidenform gebunden.

GRAFIT

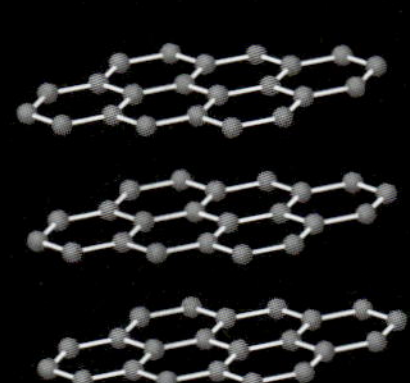

Im Grafit bilden die Atome Schichten, die leicht aneinander vorbeigleiten.

BUCKMINSTERFULLEREN

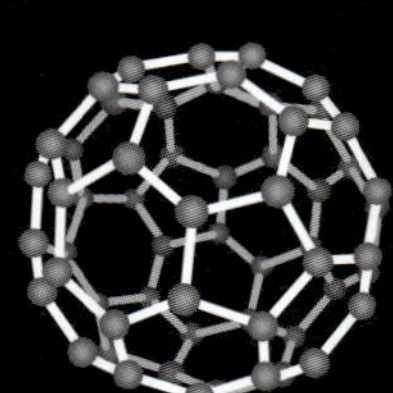

In dieser Form sind sechzig Kohlenstoffatome in einer Kugelstruktur angeordnet.

Diamantbohrer
Aufgrund der großen Härte werden Diamanten in vielen Werkzeugen genutzt. Hier wird ein Metallblock mit einem diamantbesetzten Schleifstein poliert. Sie werden auch in Sägeblätter eingesetzt, um damit durch hartes Material wie Stahl zu schneiden.

Diamanten wurden schon vor 6000 Jahren zum Polieren prähistorischer Äxte genutzt.

Lidar

Lidar (engl. *Light detection and ranging*, „Ortung und Abstandsmessung mit Licht") ist eine Technik, bei der Laserstrahlen auf Objekte gerichtet werden. Aus den Reflexionen errechnet ein Computer ein dreidimensionales Modell des Objekts. Selbstfahrende Autos nutzen u. a. Lidar, um ihre Umgebung zu erkennen.

Laserschneiden

Mit Laserstrahlen kann man Werkstoffe schneiden. Der enge, kräftige Strahl erhitzt das Material punktgenau, sodass es schmilzt, verbrennt oder verdampft. Das ergibt sehr saubere Schnittkanten.

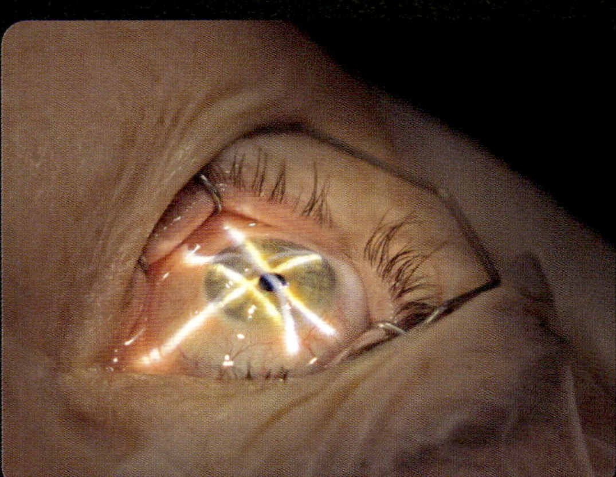

Feine Operationen

Zu den vielen Anwendungsgebieten in der Chirurgie gehört das Augenlasern: Ein Ultraviolettlaser trägt eine dünne Schicht der Hornhaut im Auge ab und formt diese so um, dass sie einfallende Lichtstrahlen korrekt bricht und man wieder scharf sieht.

Lasergeführte Teleskope

Da Laserstrahlen stark gebündelt sind, weitet sich der Strahl kaum auf. Das Very Large Telescope (VLT) in Chile nutzt Laserstrahlen, die in den Himmel gerichtet sind, als Leitstrahlen, um die Einzelteleskope genau auf bestimmte Sterne auszurichten.

Spiegel, die Astronauten auf den Mond brachten, reflektieren Laserstrahlen von der Erde.

STARKES LICHT

LASER

1960 entwickelte der US-Amerikaner Theodore Maiman ein Gerät, das einen schmalen, kräftigen, einfarbigen Lichtstrahl abgab – den ersten Laser. Der Name ist eine Abkürzung für *Light amplification by stimulated emission of radiation* (engl. für „Lichtverstärkung durch die stimulierte Emission von Strahlung"). In einem Laser wird einem Stoff Energie zugeführt. Dadurch werden die Atome angeregt und geben Energie in Form von Lichtwellen ab, die alle genau in eine Richtung gehen. Laser eignen sich für viele Anwendungen, etwa in der Chirurgie, der Kommunikation oder bei Teleskopen.

LASERLICHT

Licht ist eine Form von Energie, die sich in Wellen ausbreitet (siehe S. 184). Die meisten Lichtquellen geben Wellen unterschiedlicher Länge und Farbe ab. Sie schwingen unregelmäßig und in verschiedenen Richtungen. Laserlicht dagegen besteht aus Wellen genau gleicher Länge, die daher im gleichen Rhythmus (kohärent) und räumlich gebündelt schwingen. Daher ist Laserlicht sehr intensiv und kann leicht auf bestimmte Objekte gerichtet werden.

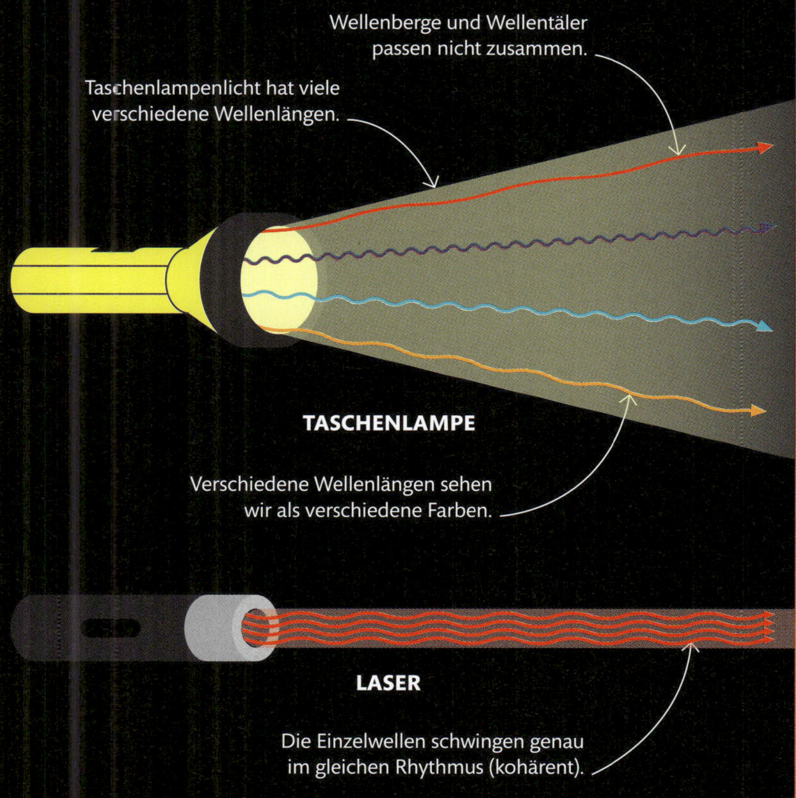

Natürlich versus synthetisch

Ein Frosch sitzt in einem Wassertropfen auf einem Lotusblatt in einem Teich in Nepal. Lotusblätter sind für ihre hydrophobe (wasserabweisende) Oberfläche bekannt, die verhindert, dass Wasser in das Blatt eindringt. Stattdessen zieht es sich zu kugelförmigen Tropfen zusammen, die auf der Oberfläche sitzen. Die Anziehung zwischen den Wassermolekülen ist so stark, das die Tropfen sogar winzige Tiere wie diesen Frosch umschließen können. Die raue Oberfläche des künstlichen Materials rechts ahmt die Struktur des Lotusblatts nach, sodass es wasserabweisend ist.

Das Lotusblatt hat auch die Entwicklung selbstreinigender Fassadenfarbe inspiriert.

RAUE OBERFLÄCHE
Wasser benetzt das Lotusblatt nicht, weil es von winzigen spitzen Noppen bedeckt und mit natürlichem Wachs beschichtet ist. Die Noppen verringern die Kontaktfläche zwischen Blatt und Wasser.

REGENSCHUTZ

WASSERABWEISENDE MATERIALIEN

Wissenschaftler werden oft von der Natur inspiriert. Viele Pflanzen und Tiere haben natürliche wasserabweisende Oberflächen: Schafe produzieren eine ölige Substanz, Lanolin, die den Regen von der Wolle fernhält. Das Lotusblatt ist durch eine Wachsschicht und eine besondere Noppenstruktur stark wasserabweisend. Durch Nachbildung dieser Merkmale auf künstlichen Oberflächen haben Forscher wasserabweisende Materialien geschaffen, von denen das Wasser wegen seiner Oberflächenspannung abperlt.

SCHÖN TROCKEN

Kleidung für Wanderer und Bergsteiger wird aus wasserabweisenden Materialien hergestellt. Ein Stoff namens Gore-Tex® ist zwar wasserdicht, aber auch atmungsaktiv. Er besteht aus vielen Schichten und hat winzige Löcher, die Wasserdampf entweichen lassen, ohne dass Tropfen eindringen können.

OBERFLÄCHENSPANNUNG

Wasser sitzt in Tropfen auf wasserabweisenden Oberflächen, weil sich die Wassermoleküle untereinander stärker anziehen als die Luft oder das Material es tut. Dabei bilden sie eine Kugelform, wie bei Tautropfen auf Blättern oder Regentropfen an Fensterscheiben. Das liegt an der Oberflächenspannung von Wasser: Es formt sich immer so, dass es die kleinstmögliche Oberfläche hat.

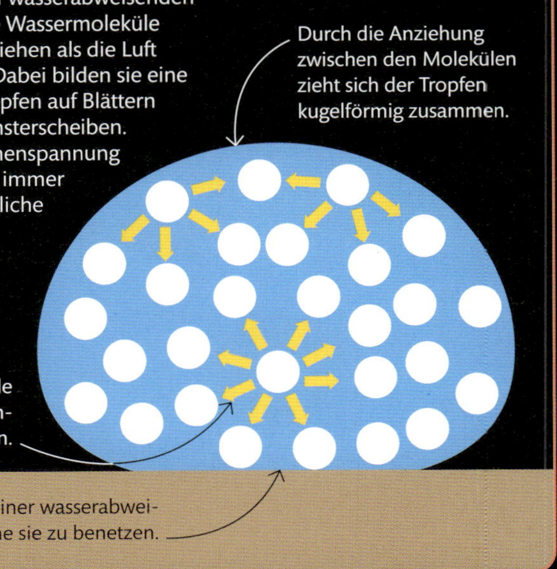

WARN-BEKLEIDUNG

RETRO-REFLEKTOREN

Warnkleidung schützt Menschen in gefährlichen Umgebungen, etwa Bauarbeiter oder Fahrradfahrer im Straßenverkehr. Damit werden sie leichter gesehen, wenn es dunkel ist oder wenn viel anderes um sie herum passiert, das die Aufmerksamkeit ablenken kann. Wichtiger Bestandteil von Warnbekleidung sind retroreflektierende Streifen: Sie bestehen aus einem Material, das Licht dorthin zurückwirft, wo es herkommt, sodass Autofahrer es im eigenen Scheinwerferlicht besonders hell sehen. Solche Materialien machen auch Straßenschilder in der Dunkelheit besser sichtbar.

REFLEXION

Die meisten Objekte streuen einfallendes Licht in alle Richtungen, aber an glatten, glänzenden Oberflächen wird es nach einfachen Regeln reflektiert. Bei dieser sogenannten spiegelnden Reflexion wird das Licht im gleichen Winkel (gegenüber der Senkrechten) reflektiert wie es einfällt.

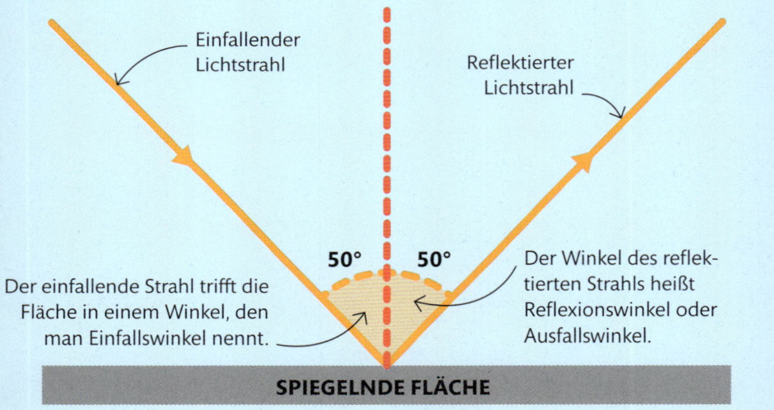

Retroreflexion

Retroreflektierende Flächen sind mit winzigen Prismen oder Glaskügelchen bedeckt, die das Licht in die Richtung zurückwerfen, aus der es gekommen ist. Wenn man retroreflektierendes Material beleuchtet, kommt das Licht also direkt zu einem zurück, sodass es sehr hell aussieht.

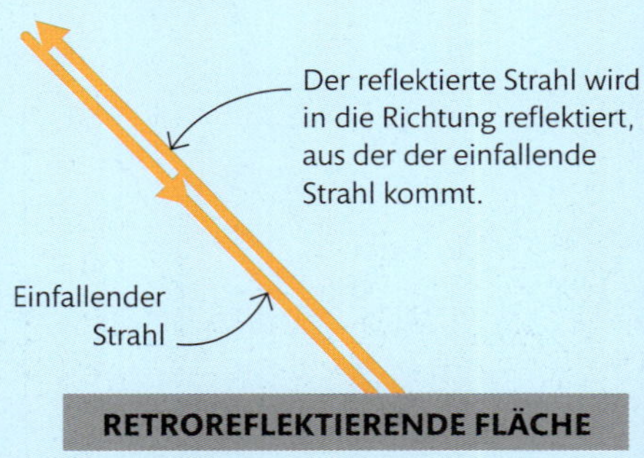

Leicht zu sehen

Die retroreflektierenden Streifen auf den Fahrradreifen und an der Kleidung leuchten hell im Scheinwerferlicht eines Autos, sodass das Kind auch an dunklen Winterabenden gut zu sehen ist.

Die Augen von Katzen scheinen nachts zu leuchten, weil sie eine retroreflektierende Zellschicht haben.

PRISMEN-REFLEXFOLIE
Optische Prismen sind Glas- oder Plastikkörper, die das Licht brechen (ablenken). Bei dieser Art Retroreflektor sind Mikroprismen, auch Würfeleckenreflektoren genannt, in das Trägermaterial geprägt. Sie haben drei spiegelnde Flächen, die das Licht in Einfallsrichtung zurückwerfen.

Kaltes Bad

Die türkische Freitaucherin Şahika Ercümen bereitet sich für einen Tauchgang zwischen Eisbergen nahe der Galíndez-Insel (Antarktika) vor. Es gibt Tauchanzüge mit verschieden dicken Neoprenschichten, die man je nach Wassertemperatur wählt.

In einem 7 Millimeter dicken Tauchanzug kann sich ein Taucher in bis zu 10 °C kaltem Wasser aufhalten.

IM WASSER WARM BLEIBEN

TAUCHANZÜGE

Selbst an heißen Tagen kann Wasser dem menschlichen Körper so viel Wärme entziehen, dass eine Unterkühlung (Absinken der Körpertemperatur auf unter 35 °C) droht. Anders als Meeressäugetiere wie Wale mit ihrer dicken isolierenden Fettschicht brauchen Menschen einen künstlichen Schutz, um im kalten Wasser warm zu bleiben. Beim Tauchanzug tritt durch Kragen, Arm- und Beinabschlüsse Wasser in geringen Mengen ein. Aber das Material lässt kaum Wärme entweichen, sodass der Körper und die Wasserschicht warm bleiben.

FLAUSCHIGER PELZ
Tiere in kalten, harschen Lebensräumen haben ihre eigene Isolierung. Eisbären überleben die Eiseskälte der Arktis dank ihres dicken Pelzes und einer Fettschicht, die den Körper auf ähnliche Weise isolieren wie ein Tauchanzug.

WÄRMEISOLIERENDE MATERIALIEN

Das Geheimnis der isolierenden Eigenschaft von Tauchanzügen ist eine Schicht aus einem speziellen Material: Neopren. Neopren ist ein synthetischer (künstlich hergestellter) Schaum aus Gummi. Er enthält winzige Bläschen, die den Wärmeverlust verringern. Die dünne Wasserschicht zwischen Körper und Anzug erwärmt sich durch die Körpertemperatur. Die warme Wasserschicht und die isolierende Neoprenschicht zusammen halten den Taucher im kalten Wasser warm.

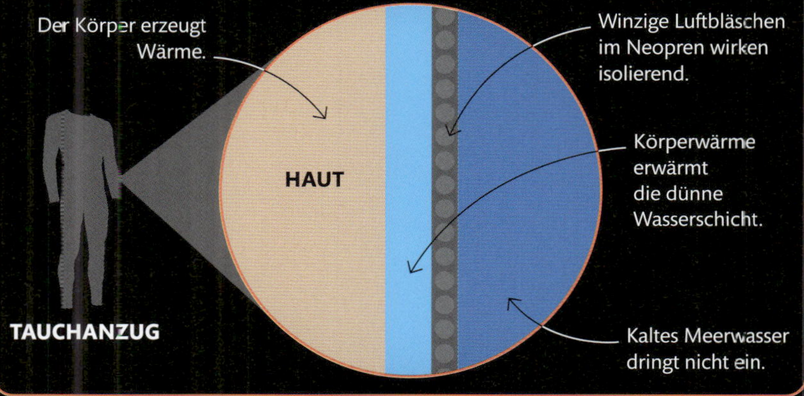

GLASBLASEN

Beim Glasblasen bläst man durch ein langes Rohr Luft in einen Klumpen heißes, zähflüssiges Glas und erzeugt eine Blase, um z. B. ein Gefäß daraus zu formen. Spezielle Glasgefäße für Labore und Kunstgegenstände wie Vasen werden heute noch mit dieser Technik hergestellt.

Durch die Zugabe von Goldsalzen zu der geschmolzenen Masse bekommt Glas eine üppige rote Farbe.

Aus alt mach neu

In dieser Fabrik in Italien werden aus Altglas neue Flaschen hergestellt. Maschinen mischen zerstoßenes Altglas mit anderen Rohstoffen und erhitzen die Masse auf über 1500 °C, um sie erneut zu verarbeiten. Mit diesem Verfahren ist Glas beliebig oft recycelbar.

DURCHSICHTIGE FESTSTOFFE

GLASHERSTELLUNG

Menschen fertigen Glasobjekte seit mindestens 6000 Jahren. Sand ist eine der wichtigsten Zutaten. Er wird mit anderen Rohstoffen geschmolzen und erstarrt zu Glas. Glas hat viele nützliche Eigenschaften: Es ist im festen Zustand sehr hart, lässt sich aber bei Hitze gut formen, es reagiert nicht mit den meisten chemischen Stoffen und es ist durchsichtig. Daher werden aus Glas die verschiedensten Gegenstände hergestellt: Flaschen und Gläser, Labormaterial, Windschutzscheiben am Auto und sogar Computerbildschirme.

TRANSPARENZ

Wir sehen Objekte, wenn von ihnen Licht in unsere Augen reflektiert oder gestreut wird. Das meiste Glas ist transparent (durchsichtig): Sichtbares Licht geht hindurch und wir können Dinge auf der anderen Seite sehen. Milchglas ist transluzent (teilweise lichtdurchlässig): Es lässt Licht teilweise durch und streut es stärker. Lichtundurchlässige Objekte nennt man opak.

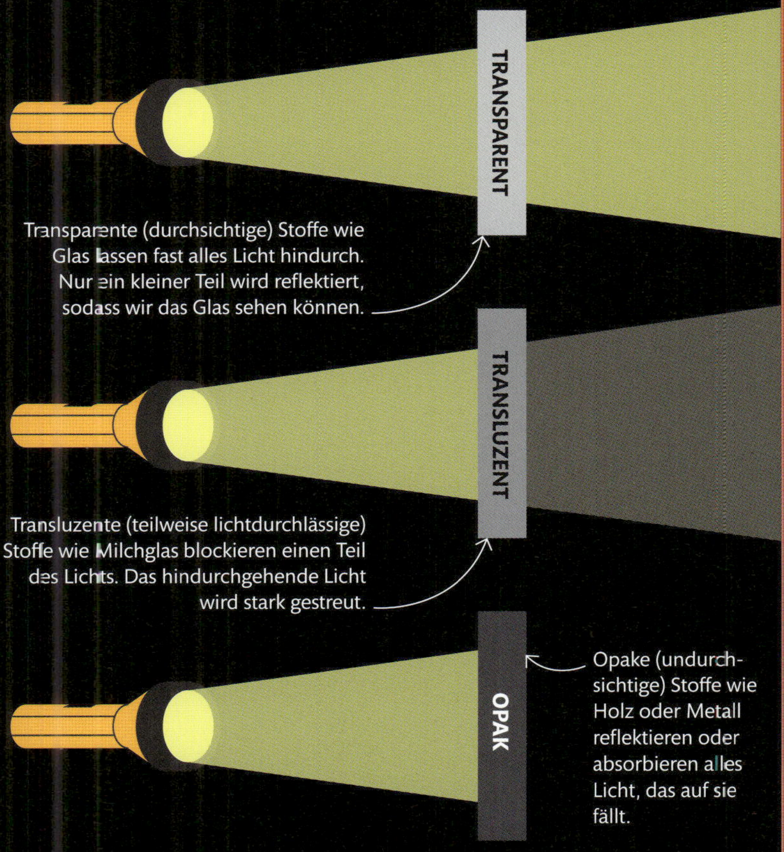

Transparente (durchsichtige) Stoffe wie Glas lassen fast alles Licht hindurch. Nur ein kleiner Teil wird reflektiert, sodass wir das Glas sehen können.

Transluzente (teilweise lichtdurchlässige) Stoffe wie Milchglas blockieren einen Teil des Lichts. Das hindurchgehende Licht wird stark gestreut.

Opake (undurchsichtige) Stoffe wie Holz oder Metall reflektieren oder absorbieren alles Licht, das auf sie fällt.

PLASTIKMÜLL VERRINGERN

BIOLOGISCH ABBAUBARES PLASTIK

Plastik hat viele nützliche Eigenschaften: Es ist billig zu produzieren, leicht und robust. Aber die Robustheit ist ein Problem, wenn man es wegwerfen will. Plastik ist ein künstliches Material („Kunststoff"), das sich in der Natur kaum zersetzt, aber in kleinere Teile zerbricht, die die Umwelt Jahrzehnte oder länger verschmutzen. Wissenschaftler entwickeln daher biologisch abbaubare Kunststoffe und neue alternative Stoffe, die leicht von Mikroben wie Pilzen oder Bakterien zersetzt werden.

2017 wurden schätzungsweise jede Minute 1 Million Plastikflaschen auf der Welt gekauft.

PLASTIKMÜLL

Zwar kann man Plastik wiederverwenden, aber nur etwa 9 % werden auch tatsächlich recycelt. Etwa 12 % werden verbrannt und 79 % werden auf Müllhalden deponiert oder landen im Meer. Über 2,7 Mio. Tonnen Plastik gelangen jedes Jahr in die Ozeane und gefährden das Tierleben dort.

KUNSTSTOFFRECYCLING

Es gibt viele verschiedene Kunststoffsorten. Einige lassen sich leichter recyceln als andere. Um sie richtig zu entsorgen, hilft es, die Unterschiede zu kennen. Noch besser ist es, Plastik zu vermeiden und z. B. Wasser aus wiederverwendbaren Flaschen zu trinken oder Papier- statt Plastikbecher zu nehmen.

LEICHT RECYCELBAR

Polyethylenterephthalat (PET) ist der Kunststoff, aus dem die meisten Getränkeflaschen sind.

High-Density-Polyethylen (PE-HD) ist ein zähes Plastik z. B. für Shampooflaschen und Verpackungen.

SCHWERER RECYCELBAR

Polystyrol (PS) ist leicht und wird als Schaum (Styropor®) für Becher und Verpackungen genutzt.

Low-Density-Polyethylen (PE-LD) ist sehr weich und wird meist für Folien und Plastiktüten genutzt.

Pflanzen unter Plastik

Diese Maispflanzen auf einem Hof in Wales (Großbritannien) wachsen unter biologisch abbaubarer Plastikfolie, die sie warm und feucht hält. Im Lauf der Zeit zerfällt das Plastik von selbst und die harmlosen Reste werden von Mikroben im Boden zersetzt.

Kompostierbare Flaschen

Diese Plastikflaschen wurden in einer Fabrik in Frankreich aus einem kompostierbaren Plastik aus Zuckerrohr hergestellt. Sie zerfallen zu Wasser, Kohlendioxid und Humus, einem wichtigen Bestandteil des Bodens.

Essbare Becher

Einwegbecher tragen stark zum Plastikmüll bei. Eine Lösung ist es, sie aus Materialien herzustellen, die man essen kann. Seit 2016 nutzt die indonesische Marke Evoware Algen als Rohstoff für farbenfrohe essbare Becher mit dem Markennamen Ello Jello.

Jutetaschen

Jute ist eine Pflanzenfaser, die man zu Gewebe wie Sackleinen weben kann. Im Gegensatz zu Baumwolle braucht Jute zum Wachsen fast nur Regenwasser und weder Dünger noch Schädlingsbekämpfungsmittel, sodass sie eine umweltfreundlichere Alternative ist.

MÜLL WIEDER-VERWENDEN

ALUMINIUM-RECYCLING

Aluminium ist eines der am meisten recycelten Materialien und eines der wertvollsten in der Wertstofftonne. Wertvoll machen es seine physikalischen Eigenschaften: Es ist gut formbar. Produkte aus Aluminium kann man sammeln, einschmelzen und leicht zu neuen Dingen formen. Aluminium aus alten Produkten zu recyceln, etwa aus Getränkedosen, Folien oder sogar alten Autoteilen, spart fast 95 Prozent der Energie, die nötig ist, um Aluminium aus Erz neu zu gewinnen.

RECYCELTE PRODUKTE
Über zwei Drittel der Getränkedosen in den USA und Europa werden aus Recyclingaluminium gemacht. Jedes Jahr werden in den USA über 40 Mrd. Dosen und in Europa etwa 31 Mrd. Dosen recycelt.

EIGENSCHAFTEN VON ALUMINIUM

Aluminium gehört zu einer Stoffgruppe, den Metallen, die alle ähnliche Eigenschaften haben. Wie alle Metalle leitet Aluminium Wärme und elektrischen Strom leicht, und wie die meisten hat es eine hohe Festigkeit und eine glänzende silbrige Oberfläche. Aber anders als viele andere Metalle korrodiert (rostet) Aluminium nicht leicht.

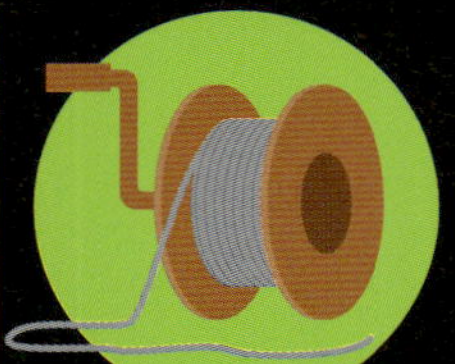

Dehnbarkeit
Aluminium kann man zu dünnen Drähten ziehen, ohne dass es bricht oder schwächer wird.

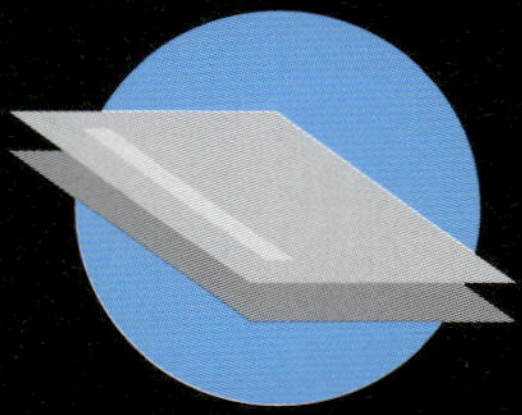

Schmiedbarkeit
Aluminium kann man zu neuen Formen wie etwa dünnen Platten hämmern.

Festigkeit
Aluminium ist fest und langlebig und widersteht Kräften, ohne zu brechen.

1 Sortieren
Aluminiumdosen werden gesammelt, zum Recyclingwerk gebracht und geprüft, damit keine anderen Stoffe wie Stahlblechdosen, Plastikgegenstände oder Verpackungsreste aus Pappe dazwischen sind.

2 Ballenpresse
Dosen brauchen viel Platz. Daher werden sie nach dem Sortieren zu Ballen gepresst. So haben sie nur einen Bruchteil ihres ursprünglichen Volumens und sind viel leichter zu transportieren und zu lagern.

3 Schmelzen
Die Ballen werden zerkleinert und die Farben der Bedruckung mit einem glühend heißen Luftstrahl bei 500 °C weggebrannt. Dann werden die Stücke in einem Ofen bei 750 °C geschmolzen, in Formen gegossen und mit Wasser abgekühlt.

Ein einzelner Barren kann bis zu 15 Meter lang sein und genug Metall für 1,5 Millionen Dosen enthalten.

4 Guss zu Barren
Das Aluminium wird zu Blöcken gegossen, die man Barren nennt, und nach dem Abkühlen in Lagern gestapelt. Die Barren kann man erneut erhitzen und zu dünnen Blechen auswalzen, aus denen man neue Dosen oder andere Produkte fertigt.

Tempel der Millionen Flaschen

Der buddhistische Tempel Wat Pa Maha Chedi Kaew in Thailand wurde aus 1,5 Mio. gebrauchter Glasflaschen errichtet. Von den Mönchen als Beitrag zur Müllbeseitigung angeregt, wurden die Flaschen über Jahre von der Bevölkerung gesammelt.

Lebensmittel und Medikamente lagern

Trockeneis wird oft genutzt, um Lebensmittel auf einem langen Transport gefroren oder empfindliche Medikamente auf der richtigen Temperatur zu halten. Außerdem sublimiert Trockeneis langsam zu gasförmigen Kohlendioxid, das Schimmel, Insekten und andere Schädlinge abtötet.

Nebelmaschinen

Bei Konzerten oder anderen Vorführungen werden mit Nebelmaschinen Spezialeffekte wie Nebelschwaden erzeugt. In diesen Maschinen wird ein Stück Trockeneis in heißes oder kochendes Wasser geworfen. Das Trockeneis verwandelt das verdampfende Wasser in Nebel, der mit einem Gebläse verteilt wird.

Trockeneisstrahler

Feines Trockeneisgranulat wird auf Oberflächen geblasen, um sie zu reinigen. Wenn die Teilchen mit hoher Geschwindigkeit auftreffen, schlagen sie Verschmutzungen und Unreinheiten ab und werden selbst zu Gas, das keine Spuren hinterlässt.

Beim Umgang mit Trockeneis sind Kälteschutzhandschuhe zu tragen, um Frostbeulen zu vermeiden.

KÜHLMITTEL

TROCKENEIS

Gefrorenes Kohlendioxidgas, Trockeneis genannt, schmilzt beim Erwärmen nicht zu einer Flüssigkeit, sondern wird direkt zu einem Gas. Diesen Vorgang nennt man Sublimation. Trockeneis ist sehr kalt, unter −78,5 °C. Deshalb ist es gut geeignet, Dinge zu kühlen, etwa bei der Lagerung und beim Transport von Lebensmitteln, Medikamenten und anderen Substanzen, die leicht verderben. Da es sofort sublimiert, kann man Dinge damit kühlen, ohne dass sie dabei nass werden. Die Gasschwaden von Trockeneis werden auch als Spezialeffekt eingesetzt.

Kühlung der Cockpits von Rennautos

Formel-1-Rennwagen haben leistungsstarke Motoren, die viel Wärme produzieren. Während des Rennens kühlt der Luftstrom das Auto, aber wenn der Motor im Stehen läuft, wird es im Cockpit zu heiß für den Fahrer. Daher kühlt man es mit Trockeneis. Hier wird beim Grand Prix von Singapur 2011 kaltes Kohlendioxid, das aus Trockeneis sublimiert ist, in das Cockpit des Wagens des britischen Fahrers Jenson Button gepumpt.

EIGENSCHAFTEN VON GASEN

Materie kann als Gas, Flüssigkeit und Feststoff vorliegen (siehe Aggregatzustände S. 25). Jeder Zustand hat andere Eigenschaften. In Gasen sind die Moleküle weit voneinander entfernt und frei beweglich. Gase reagieren stark auf Druck- und Temperaturveränderungen. Ein Gas wie Kohlendioxid kann man durch hohen Druck in festes Trockeneis umwandeln. Der Druck verringert den freien Raum zwischen den Molekülen und packt sie dicht zusammen.

Komprimierbar
Die Gasmoleküle bewegen sich schnell in alle Richtungen. Man kann sie aber leicht auf kleinerem Raum zusammendrücken.

Dehnt sich aus und füllt den Raum
Die Moleküle bewegen sich ständig und das Gas dehnt sich aus, um den ganzen verfügbaren Raum auszufüllen.

Frei bewegliche Teilchen
Die Moleküle in einem Gas haben eine höhere Energie als im festen oder flüssigen Zustand und bewegen sich frei.

FARBEN SCHAFFEN

FARBDRUCK

Unsere Augen sehen Farben, wenn Licht verschiedener Wellenlängen sie erreicht. Beim Farbdruck verwenden Drucker vier verschiedene Tinten: Zyan, Magenta, Gelb und Schwarz (CMYK-System, für engl. *cyan, magenta, yellow, key*). Jede andere Farbe kann man durch Mischen dieser Grundfarben bilden. Die Farbbilder in diesem Buch bestehen aus winzigen gedruckten Punkten in diesen Farben. Das Bild auf Computer- oder Fernsehschirmen wird durch Mischen anderer Farben erzeugt: Rot, Grün und Blau (RGB-System).

Dieses Bild besteht aus winzigen Punkten in den CMYK-Farben.

Vierfarbdruck

Für den Druck erzeugen Computer vier Schichten des gleichen Bilds: je eine für jede CMYK-Farbe. Werden die vier Schichten übereinander gedruckt, entstehen bunte Bilder wie dieses Foto von Korallen und Fischen im Roten Meer.

FARBMISCHUNG

Farbbilder auf Papier werden durch das Mischen von Tinten erzeugt. Das Verfahren heißt subtraktive Mischung, denn wenn Licht einen Tintenpunkt erreicht, werden einige Lichtfarben absorbiert (also subtrahiert) und die übrigen reflektiert. Die Mischung ergibt den Farbeindruck, den wir sehen. Bildschirme dagegen erzeugen Farben, indem sie Licht mischen. Man nennt das additive Farbmischung, weil rotes, blaues und grünes Licht addiert werden, um verschiedene Farbeindrücke zu erhalten.

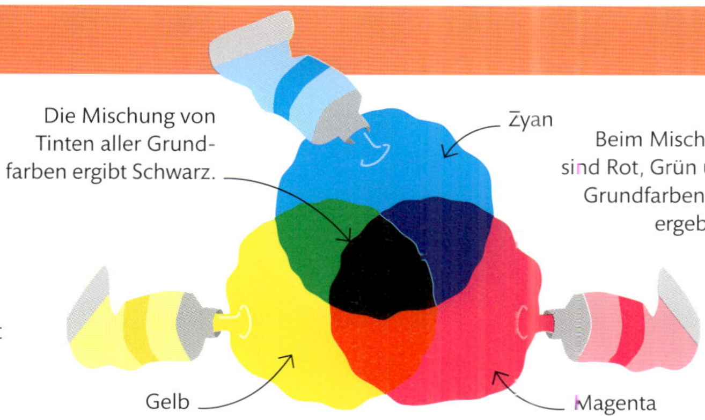

TINTENFARBEN

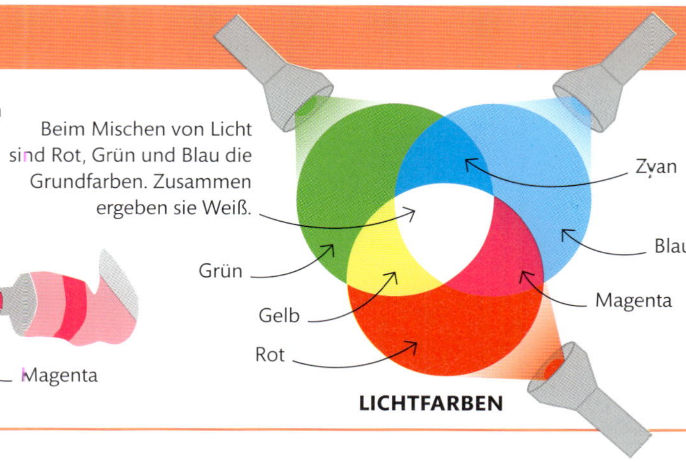

LICHTFARBEN

3

REISEN UND VERBINDEN

Die Welt ist kleiner geworden, weil wir dank der Wissenschaft weiter und schneller reisen können. Wir erkunden die digitale Welt des Internets und reisen durch die reale Welt mit leisen Elektroautos, superschnellen Magnetschwebebahnen oder bunten Heißluftballons. Raketen und Landefahrzeuge legen noch weitere Wege zurück und bringen uns Informationen von anderen Planeten.

Extreme-E-Rennen
Der elektrische SUV Spark Odyssey 21 wurde für die Rennserie Extreme E gebaut. Das 2021 gegründete Event hält an entlegenen Orten Rennen mit elektrischen Geländefahrzeugen ab, um ein Bewusstsein für den Klimawandel zu schaffen.

SAUBERER ANTRIEB

ELEKTROAUTOS

Statt aus einem Tank voller Benzin oder Diesel beziehen Elektroautos Energie über eine Steckdose aus dem Stromnetz (siehe S. 34–35). Sie speichern die Energie in großen Akkus (wiederaufladbaren Batterien) und treiben damit einen Elektromotor an. Elektroautos stoßen selbst keine Abgase oder klimaschädlichen Treibhausgase aus, verbrauchen aber Strom, der in Kraftwerken erzeugt werden muss.

MONDAUTO
Der US-amerikanische Astronaut Eugene A. Cernan fuhr 1972 ein Mondfahrzeug, das mit zwei nicht wiederaufladbaren Batterien elektrisch angetrieben wurde und in 4 Stunden und 26 Minuten eine Strecke von

Der Spark Odyssey 21 kann in 4,5 Sekunden von 0 auf 100 Stundenkilometer beschleunigen.

BATTERIEN

Batterien haben einen positiven (+) und einen negativen (-) Pol (Anschluss). Wenn sie durch einen Stromkreis verbunden werden, erzeugt eine chemische Reaktion in der Batterie einen elektrischen Strom, der durch den Stromkreis fließt und Geräte mit Energie versorgt.

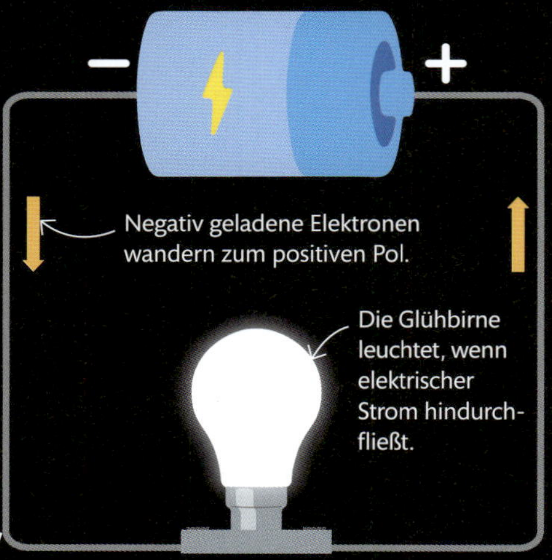

Wie Elektroautos funktionieren

Einem Elektroauto fehlen einige Komponenten, die man aus anderen Fahrzeugen kennt, etwa ein Tank und ein Verbrennungsmotor. Stattdessen wird es von einem Elektromotor angetrieben, der von Batteriepacks versorgt wird. Der Motor wandelt elektrische Energie in mechanische um, mit der die Räder angetrieben werden.

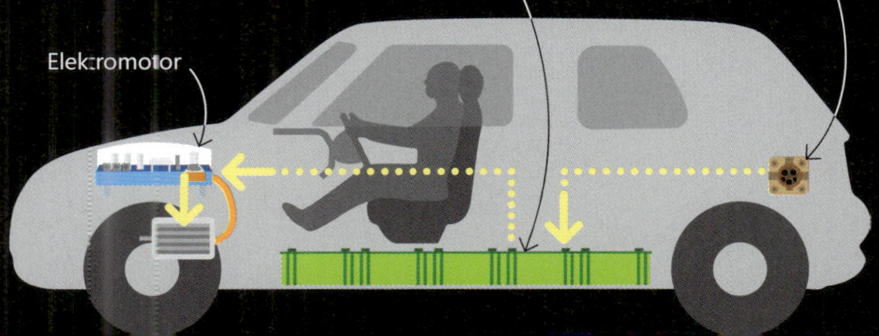

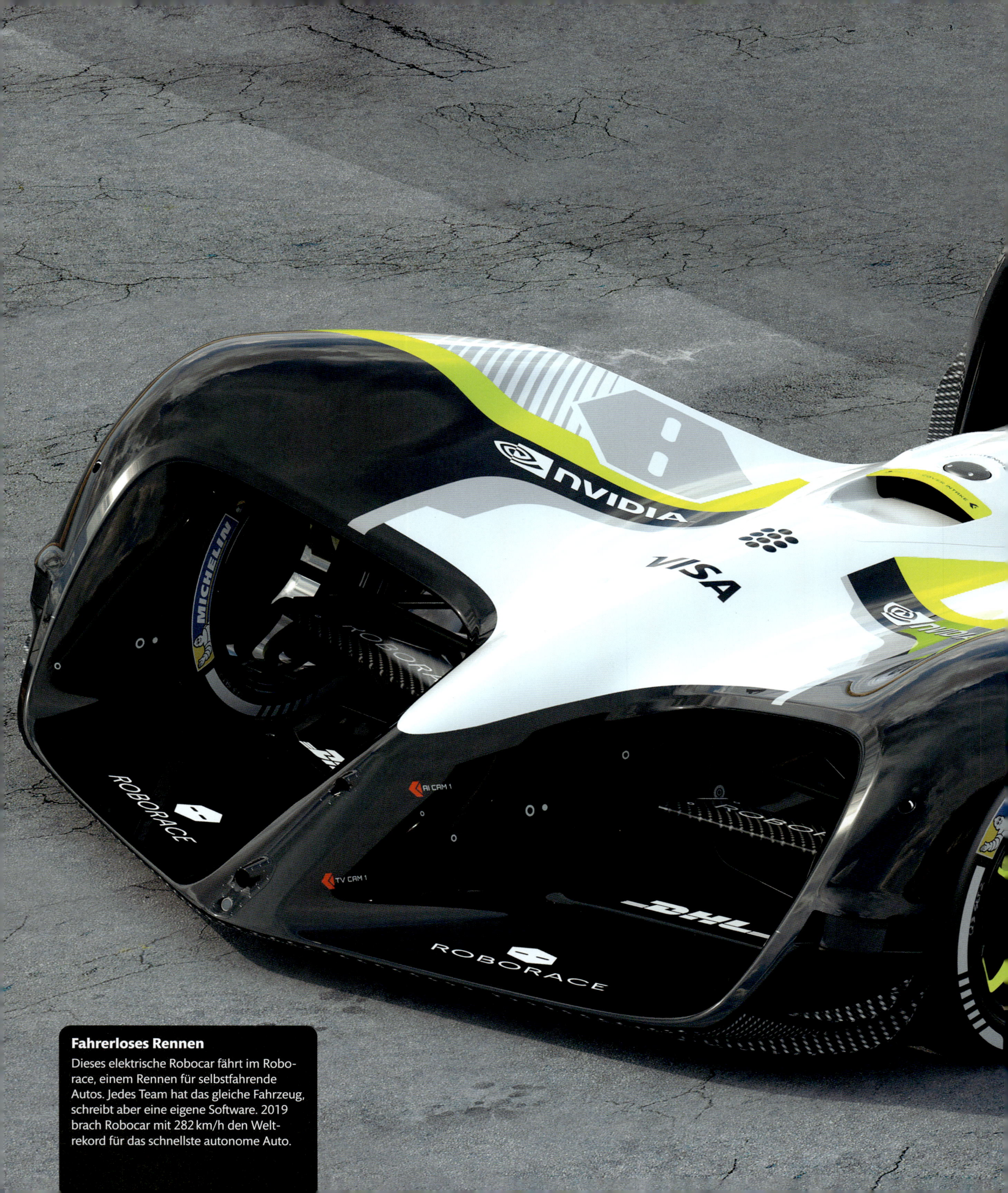

Fahrerloses Rennen

Dieses elektrische Robocar fährt im Roborace, einem Rennen für selbstfahrende Autos. Jedes Team hat das gleiche Fahrzeug, schreibt aber eine eigene Software. 2019 brach Robocar mit 282 km/h den Weltrekord für das schnellste autonome Auto.

Allianz
ROBORACE
LEGO
SPEED
CHAMPIONS
Allianz
CHARGE
MICHELIN
VISA
DHL

SCHNELLE FAHRT

MAGNETSCHWEBEBAHN

Die Magnetschwebebahn von Schanghai fährt mit bis zu 430 Stundenkilometern und ist der schnellste Zug der Welt.

Magnetschwebebahnen haben weder Motoren noch Räder. Vielmehr schweben sie mithilfe von starken Magneten über dem Fahrweg, während andere Magnete sie vorantreiben. Da es keine Reibung zwischen Fahrwerk und Fahrweg gibt, können die Züge stark beschleunigen. Außerdem ist der Materialverschleiß gering, weshalb sie weniger Reparaturen benötigen als konventionelle Züge.

Schwebende Fahrweise

Magnetschwebebahnen nutzen Elektromagnete, die am Fahrwerk und in den Leitschienen des Fahrwegs befestigt sind und den Zug in der Schwebe halten. Für den Antrieb werden andere Magnete im Fahrweg durch elektrische Ströme der Reihe nach an- und abgeschaltet. So entsteht ein wanderndes Magnetfeld, das Magnete im Fahrwerk abwechselnd anzieht und abstößt und auf diese Weise den Zug vorwärts bewegt.

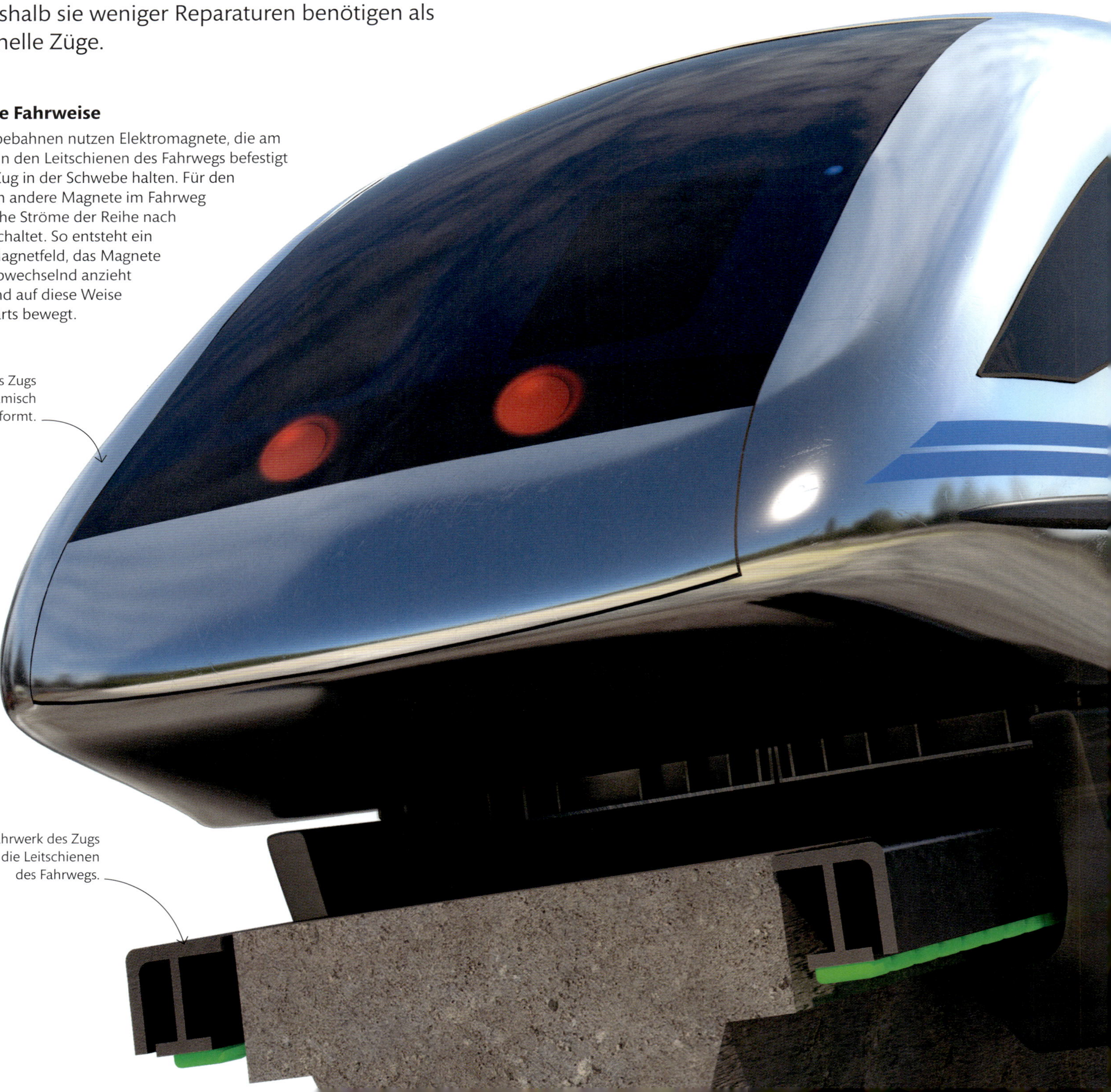

MAGNETE

Magnete können andere Magnete oder Gegenstände, die Eisen oder andere magnetische Metalle wie Nickel oder Kobalt enthalten, anziehen oder abstoßen. Ein Magnet hat zwei Enden, einen Nordpol und einen Südpol. Hält man die ungleichnamigen Pole zweier Magnete aneinander, ziehen sie sich an, gleichnamige Pole stoßen sich ab. Das Gebiet um einen Magneten herum, in dem magnetische Kräfte auf andere Gegenstände wirken, nennt man Magnetfeld.

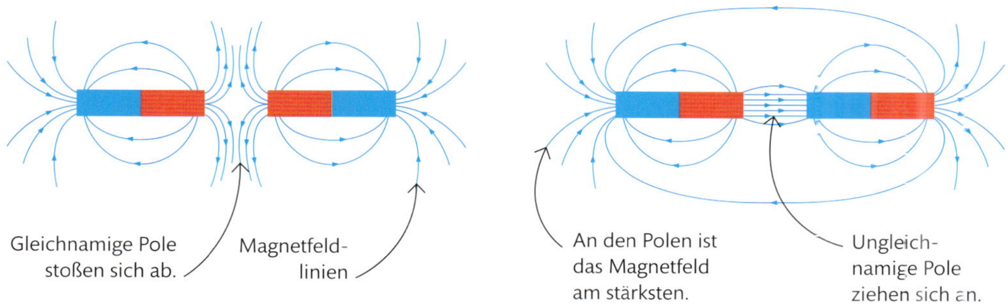

ELEKTROMAGNETE

Ein Elektromagnet besteht meist aus einer Drahtspule, die um einen Eisenkern gewickelt ist. Fließt elektrischer Strom durch den Draht, entsteht ein Magnetfeld. Mit starken Elektromagneten kann man schwere Objekte, z. B. Alteisen, heben.

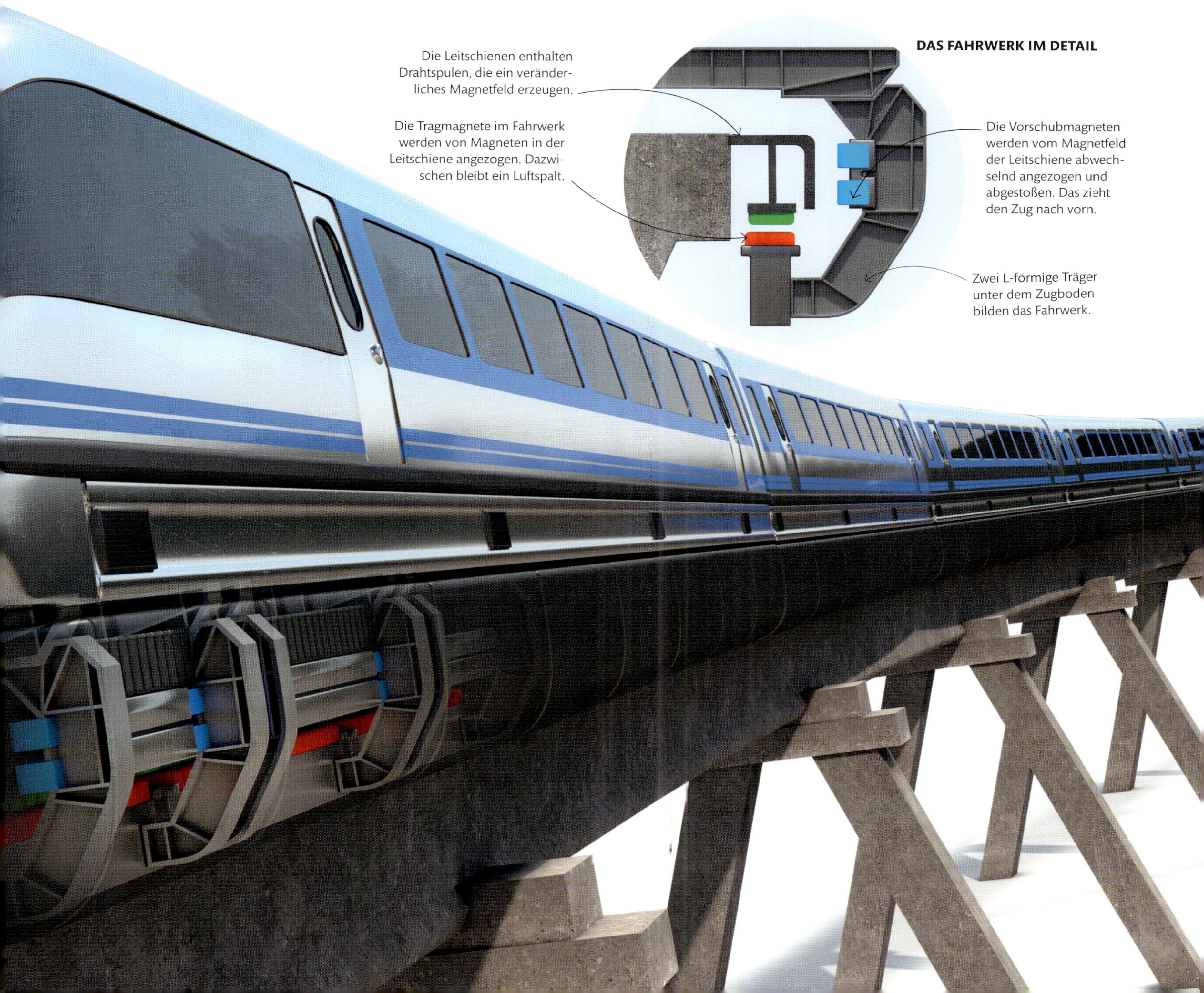

SCHWEBEN

HEISSLUFTBALLONS

Anders als schnelle Flugzeuge driften Heißluftballons langsam durch den Himmel. Die französischen Brüder Joseph Michel und Jacques Étienne Montgolfier machten 1793 die erste Ballonfahrt mit einem Ballon aus Seide und Papier. Heutige Heißluftballons bestehen aus Stoffen wie Nylon oder Polyester, und zur Sicherheit ist das Hüllenmaterial um die Öffnung feuerfest. Der Ballon wird mit einem Gasbrenner mit heißer Luft gefüllt. Bei der Erwärmung der Luft bewegen sich die Moleküle schneller und die Luft dehnt sich aus, sodass sie weniger dicht ist als die kühlere Luft um den Ballon herum. Dadurch entsteht eine Kraft nach oben, die man Auftrieb nennt und die den Ballon in die Luft hebt.

LUFTSCHIFFE

Luftschiffe, hier in Deutschland, werden mit Heliumgas befüllt. Wie heiße Luft ist Helium weniger dicht als die Umgebungsluft, sodass Auftrieb entsteht. Luftschiffe haben Propeller und Ruder, mit denen sie aktiv gesteuert werden können, während Ballons passiv mit dem Wind treiben.

AUFTRIEB

Eine nach oben wirkende Kraft, der Auftrieb, lässt den Ballon aufsteigen. Der Auftrieb entsteht durch den Luftdruck, der in alle Richtungen wirkt, aber an der Unterseite des Ballons größer ist als an der Oberseite.

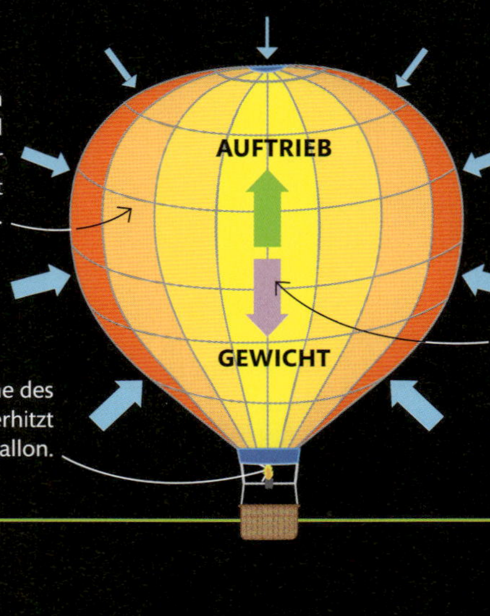

Der größte bemannte Ballon ist 40 Meter hoch und kann 32 Menschen tragen.

BALLONFAHRT

Hier fahren Heißluftballons in der Morgendämmerung über eine Landschaft in der Türkei. Heißluftballons starten oft bei Sonnenauf- oder -untergang, weil zu diesen Zeiten die Lufttemperatur niedriger ist, sodass der Auftrieb größer ist.

Vorbereitung der Ballonfahrt

Dieser Ballon wird in Kappadokien (Türkei) gerade mit heißer Luft befüllt. Stahlflaschen mit dem Gas Propan versorgen einen Brenner, der eine in den Ballon gerichtete Flamme erzeugt. Beim Verbrennen erzeugt das Gas sehr viel Hitze, die die Luft im Ballon erwärmt, sodass er schließlich aufsteigt.

Im Jahr 2020 versorgten Drohnen 2500 Kliniken in Ruanda und Ghana mit Coronavirus-Tests.

FLIEGENDE HELFER

DROHNEN

Drohnen sind unbemannte Flugkörper, die ohne Piloten an Bord starten, fliegen und landen können. Die ersten Drohnen waren teure militärische Flugkörper, aber heute ist die Drohnentechnik viel günstiger und dient vielen Zwecken, etwa der Feldbewässerung, der Überwachung von Rettungseinsätzen und der Versorgung mit wichtigen Gütern. Einer der häufigsten Typen ist der Quadcopter, der von vier Rotoren getragen wird.

Medikamente aus der Luft

Mit Drohnen kann man dringende medizinische Sendungen transportieren, etwa Blutkonserven, Organe oder auch Schutzausrüstung. Anders als Landfahrzeuge brauchen Drohnen keine Straßen oder Schienen. Daher sind sie ideal geeignet, um schwer erreichbare Orte zu versorgen, etwa Katastrophengebiete.

KRÄFTE BEIM FLIEGEN

Vier Kräfte wirken auf jedes fliegende Gerät: Der Vortrieb (oder Schub) und der Luftwiderstand wirken horizontal, während die Gewichtskraft und der Auftrieb vertikal wirken. Bei einem Quadcopter liefern vier rotierende Bauteile, die Rotoren, sowohl den Auftrieb als auch den Vortrieb. Wenn die Rotoren genug Auftrieb erzeugen, um der Gewichtskraft entgegenzuwirken, schwebt die Drohne. Der Pilot steuert sie, indem er per Fernsteuerung die Geschwindigkeit der Rotoren verändert.

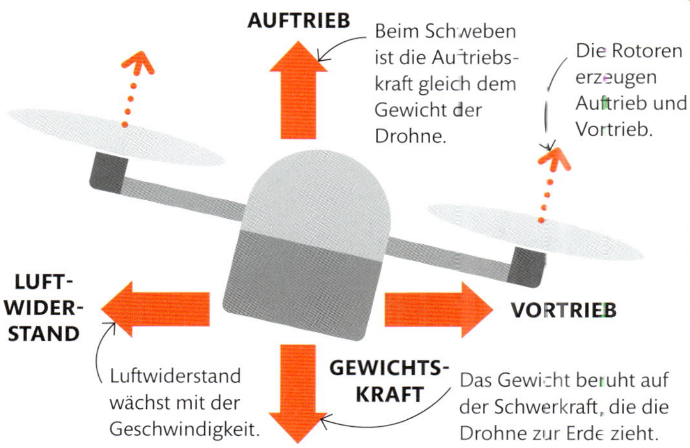

Brandbekämpfung

Drohnen mit hochauflösenden Kameras und anderen Sensoren können die Ausbreitung von Waldbränden beobachten. Damit kann die Feuerwehr besser planen, wie sie den Brand eindämmen oder löschen kann. Da Drohnen sehr klein sind, erreichen sie auch Orte, die mit einem Flugzeug schwer anzufliegen sind.

Unterstützung der Landwirtschaft

Drohnen helfen Bauern bei vielen Aufgaben, etwa der Aussaat, dem Ausbringen von Dünger oder der Beobachtung des Wachstums und der Gesundheit der Pflanzen. Aus der Vogelperspektive der Drohne erkennt man Dinge, die vom Boden aus schwer sichtbar sind, und hat den Überblick über große Flächen.

Bilder am Himmel

Drohnen mit Lichtern können spektakuläre Bilder am Himmel zeichnen. Dazu programmiert man eine Gruppe Drohnen mit Flugwegen und weiteren Daten, etwa, wann sie die Lichter an- und abschalten sollen. So wird jede Drohne zu einem Teil eines hellen, bewegten 3-D-Bilds am Nachthimmel.

SEKUNDEN EINSPAREN

WINDTUNNEL

Ein Fahrrad drängt beim Fahren die Luft zur Seite, aber das wird immer schwieriger, je schneller man fährt. Die Erforschung der Art, wie Luft um Gegenstände herum strömt, heißt Aerodynamik. Sie hilft, wenn es darum geht, Fahrzeuge stromlinienförmig zu bauen, sodass sie sich leichter und schneller mit weniger Luftwiderstand bewegen können. In Windtunneln testet man die Aerodynamik von Fahrrädern, Autos, Flugzeugen, Raumschiffen und Sportgeräten. Luft aus einem kräftigen Gebläse strömt durch den Windtunnel, und Rauch wird hinzugefügt, um Strömungswege sichtbar zu machen.

TRAGFLÄCHE

Flugzeugingenieure entwickeln nach Prinzipien der Aerodynamik Tragflächen, bei denen die Luft an der Oberseite schneller strömt als an der Unterseite. Dadurch ist der Luftdruck unter der Tragfläche größer als darüber, sodass das Flugzeug hochgezogen wird.

LUFTWIDERSTAND

Jedes Objekt, das sich durch Luft hindurch bewegt, erfährt Luftwiderstand: eine bremsende Kraft, die der Bewegung entgegenwirkt. Je geringer der Luftwiderstand ist, desto einfacher ist es, das Objekt zu beschleunigen. Wenn ein Fahrradfahrer sich vorbeugt, bildet sein Körper eine glattere Form mit geringerer Fläche, um die die Luft leichter strömen kann. Der Luftwiderstand ist also kleiner und man kann schneller radeln.

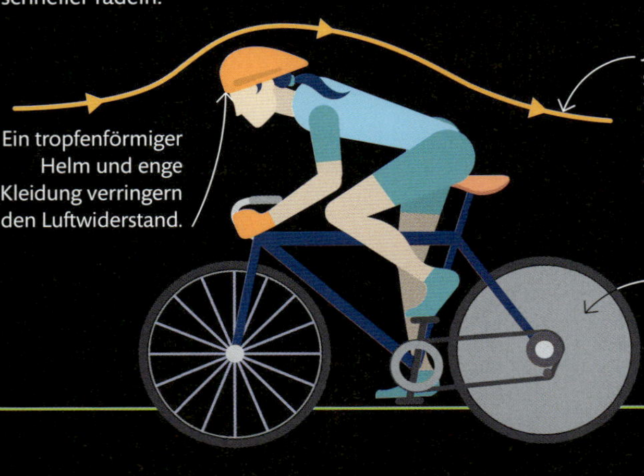

Der Windtunnel der NASA ist der größte der Welt und über 427 Meter lang.

Aerodynamiktest

Ein Fahrer testet die Aerodynamik eines Fahrrads im Windtunnel von Mercedes-Benz in Sindelfingen. Radrennfahrer wollen hohe Geschwindigkeiten erreichen. Dazu müssen das Fahrrad und der Körper des Fahrers möglichst effizient durch die Luft schneiden.

RÜCKKEHR ZUR ERDE

HITZESCHILDE

Raumschiffe sind beim Wiedereintritt in die Erdatmosphäre unglaublich schnell. Die Reibung an der Luft bremst sie und ihre Bewegungsenergie wird in Wärme umgewandelt. Die Temperatur kann bis auf 2800 °C steigen. Um die Astronauten zu schützen, haben Raumschiffe daher einen speziellen Hitzeschild, meist aus einem Material, das sich zersetzt und heißes Gas bildet, das man Plasma nennt und das die Hitze wegtransportiert. Es wird so heiß, dass es hellgelb glüht.

Schutz der Besatzung

Das Besatzungsmodul des *Orion*-Raumschiffs hat einen Hitzeschild aus einem Material namens AVCOAT, das beim Eintritt in die Erdatmosphäre zu Plasma zerfällt. Darunter befinden sich eine Kuppel aus Kohlefaser und eine starke Struktur aus Titan am Rumpf des Raumschiffs.

Das Besatzungsmodul kann vier Astronauten 21 Tage lang versorgen.

STERNSCHNUPPEN

Meteore oder Sternschnuppen sieht man, wenn Gesteinsbrocken aus dem Weltall in die Erdatmosphäre eintreten. Ihre schnelle Bewegung durch die Luft erzeugt Hitze, sodass das Gestein verdampft und eine glühende Plasmabahn am Himmel hinterlässt.

PLASMA

Plasma besteht aus Gasatomen, die so viel Energie haben, dass sie einige ihrer negativ geladenen Elektronen verlieren. Sie werden dann zu geladenen Teilchen, die man Ionen nennt und die eine positive Ladung haben. Plasma gibt es überall im Universum, etwa in Flammen, in Blitzen und auf der Sonnenoberfläche.

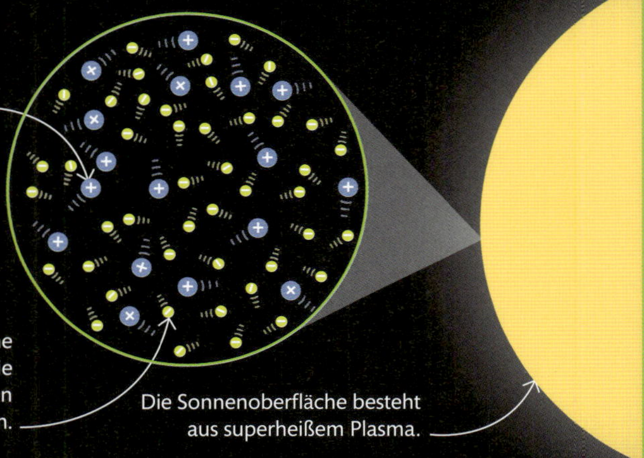

RAUMFAHRTMISSION
Diese Proton-M-Rakete brachte am 31. Juli 2020 zwei Telekommunikationssatelliten in ihre Umlaufbahn. Raketen bringen auch Astronauten und Material zur Internationalen Raumstation (ISS) und befördern sogar Teile der ISS ins All. Sie können auch zu anderen Planeten fliegen.

Beim Start hat diese Rakete eine Masse von 700 Tonnen. Zwei Drittel davon sind Treibstoff.

Raketenstart
Eine Proton-M-Rakete hebt am Kosmodrom von Baikonur (Kasachstan) ab. Extrem schnelle chemische Reaktionen zwischen dem Brennstoff und einer weiteren Substanz, dem Oxidator, erzeugen große Mengen Gas, das sich schnell ausdehnt und durch die Düse ausströmt.

ABHEBEN IN DEN WELTRAUM

RAKETEN

Um die Erdatmosphäre zu verlassen und in eine Erdumlaufbahn zu gelangen, muss eine Rakete eine Geschwindigkeit von über 25 000 Stundenkilometern erreichen. Die enormen Kräfte zur Beschleunigung der Rakete werden von leistungsstarken Triebwerken aufgebracht. Sie erzeugen Schub, indem sie in schnellen chemischen Reaktionen riesige Mengen heißes Gas produzieren. Der Schub der Triebwerke wirkt dem Gewicht der Rakete entgegen, sodass sie abheben kann.

RAKETENAUTO
Das britische Rennauto *Bloodhound* erreicht dank eines enormen Strahltriebwerks über 1000 km/h und soll eines Tages den Weltrekord für das schnellste Landfahrzeug brechen. Strahltriebwerke ähneln Raketentriebwerken, verbrennen aber Treibstoff mit Sauerstoff aus der Luft.

UNGLEICHGEWICHT DER KRÄFTE

Vor dem Start sind die Kräfte, die auf die Rakete wirken, im Gleichgewicht: Die Kraft nach unten (das Gewicht der Rakete) ist gleich einer Gegenkraft nach oben, die von der Startrampe ausgeht. Damit die Rakete abhebt, muss der Schub der Triebwerke größer als das Gewicht der Rakete sein.

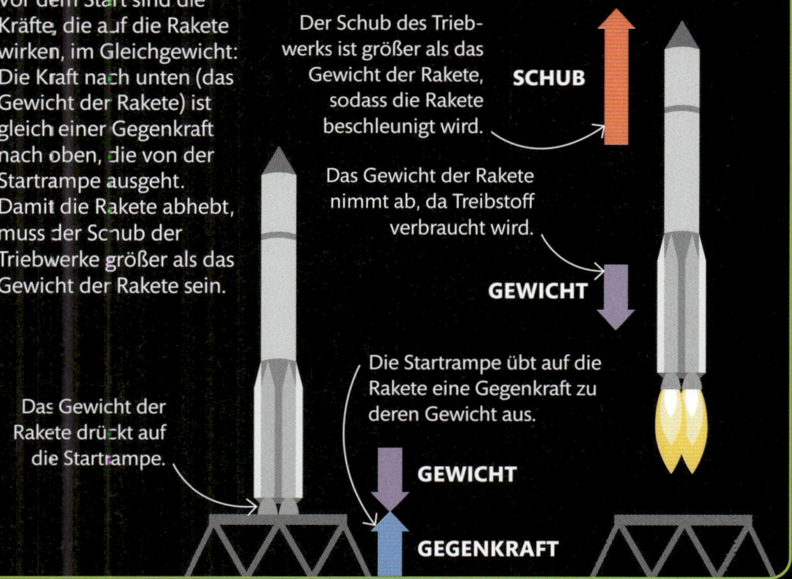

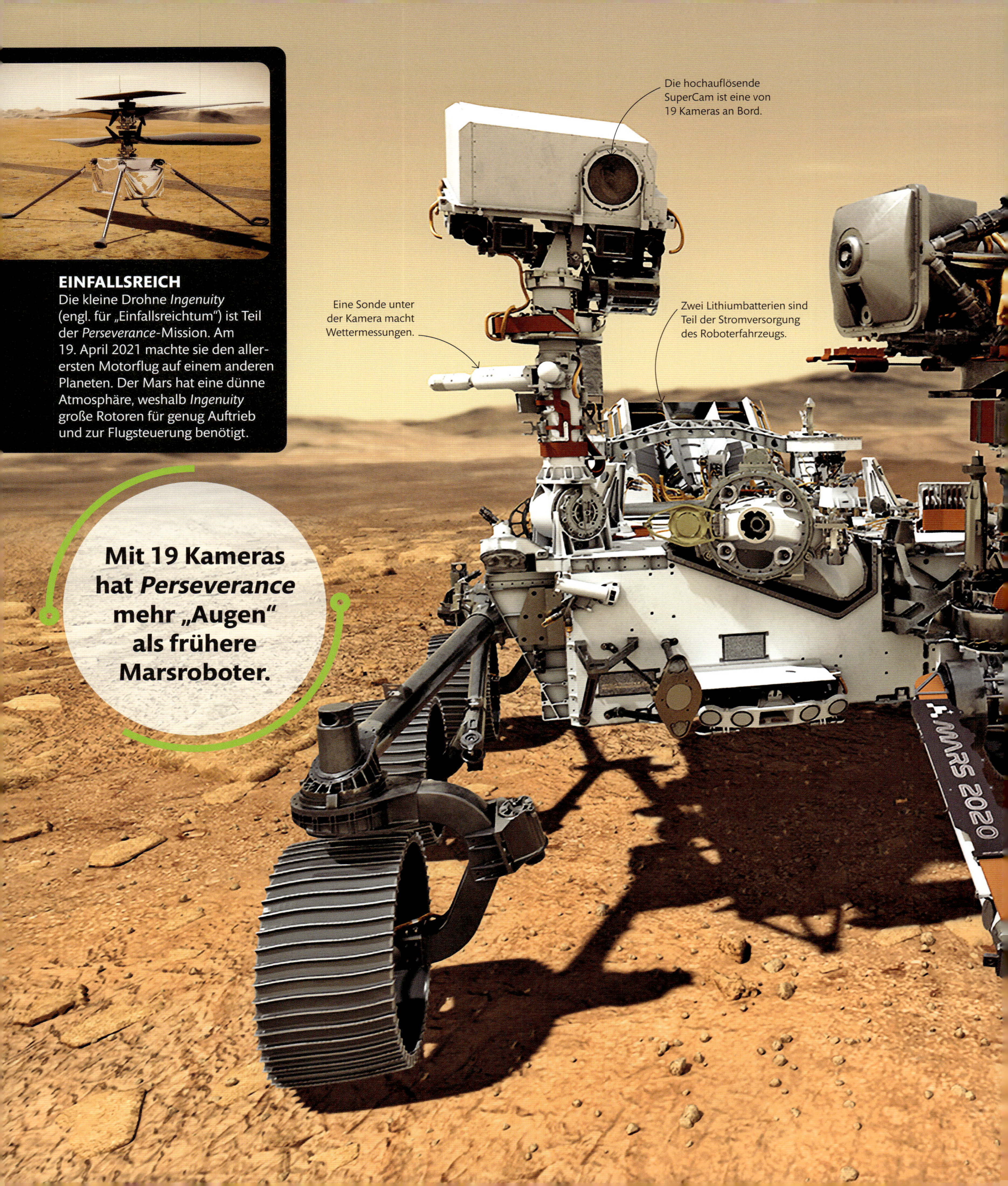

EINFALLSREICH
Die kleine Drohne *Ingenuity* (engl. für „Einfallsreichtum") ist Teil der *Perseverance*-Mission. Am 19. April 2021 machte sie den allerersten Motorflug auf einem anderen Planeten. Der Mars hat eine dünne Atmosphäre, weshalb *Ingenuity* große Rotoren für genug Auftrieb und zur Flugsteuerung benötigt.

Mit 19 Kameras hat *Perseverance* mehr „Augen" als frühere Marsroboter.

Erkundung des Mars
Perseverance landete im Krater Jezero, den vermutlich einmal ein See füllte. Die Umgebung des Landeorts gilt als einstiges Flussdelta, und vielleicht sind dort auch Spuren von vergangenem Leben zu finden. Das Roboterfahrzeug analysiert das Gebiet mit hochpräzisen, aber ultraleichten Instrumenten und Sensoren.

Der Bohrer am Roboterarm entnimmt Gesteinsproben. Sie sollen in Zukunft zur Analyse zur Erde gebracht werden.

ERKUNDUNG DES WELTALLS

MARSROBOTER *PERSEVERANCE*

Menschen erkunden das Sonnensystem, um die Erde und ihren Platz im Universum zu verstehen. Wir waren auf dem Mond und haben Sonden zu allen Planeten des Sonnensystems ausgeschickt. Das Roboterfahrzeug *Perseverance* (engl. für „Ausdauer“) startete 2020 ins All und landete 2021 auf dem Mars. Seine Hauptaufgaben sind wissenschaftliche Experimente und Messungen. Zudem sammelt es Bodenproben, die eine zukünftige Mission zur Erde bringen soll. *Perseverance* sendet die Messdaten und Bilder als Radiowellen zur Erde.

DAS SONNENSYSTEM

In unserem Sonnensystem kreisen acht Planeten in elliptischen Umlaufbahnen um einen Stern – die Sonne. Der vierte Planet von der Sonne aus, der Mars, ist einer der nächsten Nachbarn der Erde. An seinem erdnächsten Punkt ist er 55 Mio. km von uns entfernt, sodass Sonden in nur wenigen Monaten zu ihm reisen können.

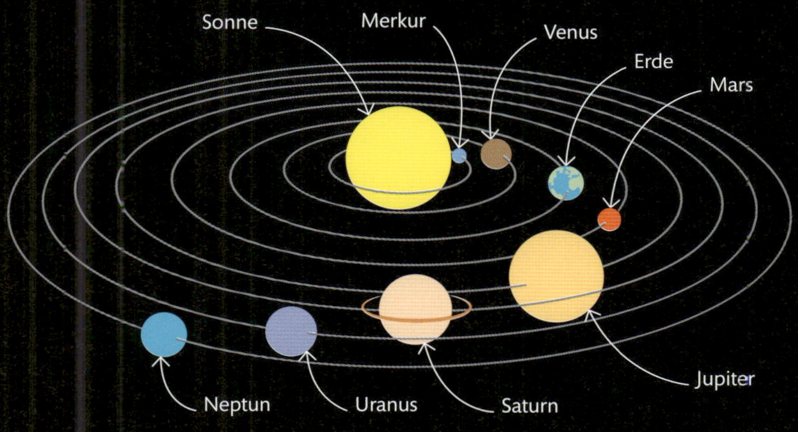

Mars
Der auch als Roter Planet bekannte Mars hat eine orange Farbe wegen des hohen Gehalts an Eisenoxid – der Substanz, die Rost seine Farbe gibt. Es wurde viel Eis auf der Oberfläche entdeckt, was darauf hindeuten könnte, dass es dort einmal wärmer und feuchter war und der Planet eine dichtere Atmosphäre hatte. Wissenschaftler suchen daher auch nach Spuren mikroskopischer Lebensformen.

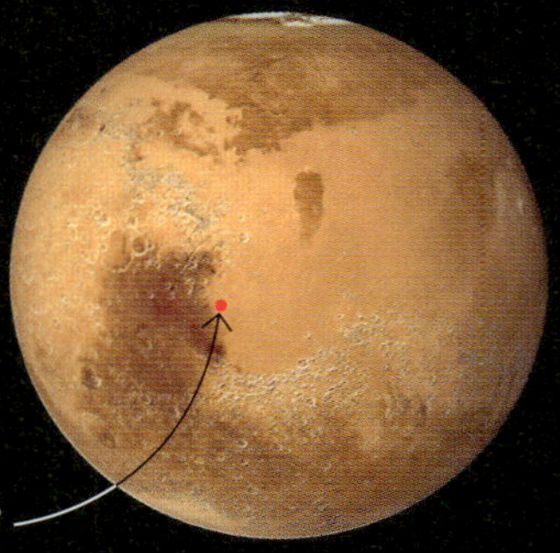

Landeplatz von *Perseverance*

SOS-SIGNALE

LEUCHTFACKELN

Bei einem Notfall im Meer oder im Gebirge ist es wichtig, dass Rettungskräfte die Menschen in Gefahr so schnell wie möglich finden. Eine Möglichkeit für Notsignale sind Leuchtfackeln. Sie enthalten Chemikalien, die in einer sehr hellen, farbigen Flamme abbrennen, die man noch viele Kilometer entfernt sehen kann, sodass die Einsatzkräfte wissen, wo sie suchen müssen. Leuchtfackeln gibt es in vielen Farben, aber die meisten sind tiefrot. Man kann sie sowohl in der Nacht als auch am Tag verwenden. Einige Fackeln geben dicken Rauch statt Licht ab. Diese sind für Orte gedacht, an denen der Boden von der Luft aus nicht gut sichtbar ist, etwa im dichten Wald.

SCHIESSPULVER

Leuchtfackeln enthalten chemische Stoffe, die beim Erhitzen Sauerstoff abgeben. Auch Schießpulver enthält, neben Schwefel und Holzkohle, einen solchen Stoff. Während Leuchtfackeln so gebaut sind, dass sie langsam und sicher abbrennen, wird Schießpulver dicht gepackt, damit es explodiert.

FLAMMENFÄRBUNG

Wenn man verschiedene Metallsalze in eine Flamme einbringt, verändert sich deren Farbe. Chemiker nutzen diesen Effekt bei der Flammprobe: Um herauszufinden, welche Metalle in einem unbekannten Salz vorhanden sind, taucht man eine Drahtschleife in eine kleine Menge des Salzes, hält sie in die blaue Flamme eines Bunsenbrenners und beobachtet die Farbe. Helles Rot zeigt an, dass Strontium enthalten ist, während Kalzium orange und Natrium gelb leuchtet.

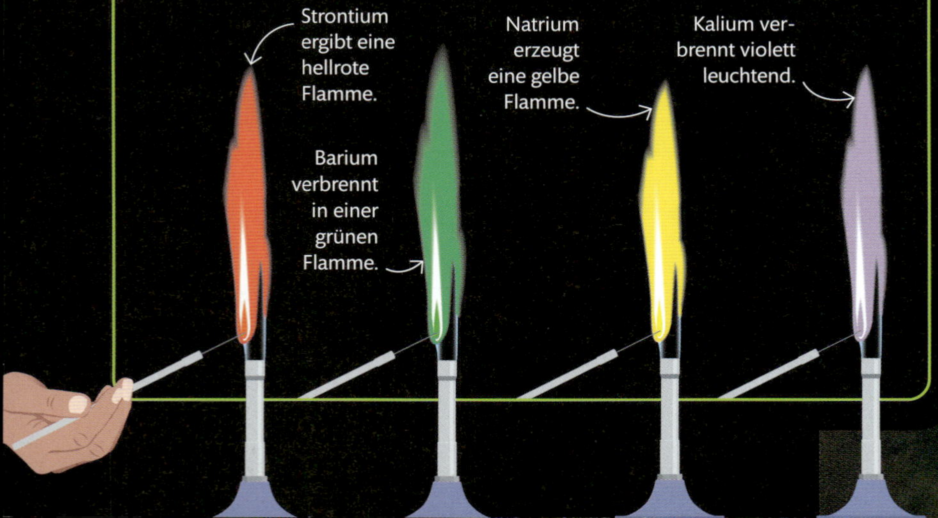

Handfackeln brennen etwa eine Minute lang und sind 5 Kilometer weit sichtbar.

Notsignal

An den eisigen Hängen von Fairfield, ein Berg im Norden Englands, wird ein Rettungshubschrauber mit einer strahlend rot brennenden Leuchtfackel zu einem Unfallort geleitet. Leuchtfackeln sind auch bei der Seenotrettung sehr effizient, vor allem bei Nacht.

Feier des Lichts

Die Feuerwerke der Celebration of Light, eines Feuerwerkskunst-Wettbewerbs in Vancouver (Kanada), füllen den Himmel mit Farben. Die Farben entstehen, wenn verschiedene Metallpulver in den Feuerwerkskörpern verbrennen: Barium leuchtet z. B. grün, Magnesium weiß.

In den Himmel

Auf der USS *Theodore Roosevelt* gibt ein Katapultoffizier, auch Shooter genannt, dem Piloten einer F/A-18F Super Hornet das Startsignal, nachdem er Windrichtung und Windstärke geprüft hat. Direkt unter dem Deck liegt das Dampfkatapult, das dabei hilft, das Flugzeug zu beschleunigen, damit es abheben kann.

Die F/A-18F Super Hornet ist über 10 Meter lang. Sie wird vom US-Militär eingesetzt.

STARTHILFE

FLUGZEUGKATAPULTE

Ein Flugzeug braucht normalerweise eine lange Startbahn, um genug Geschwindigkeit für den Start zu erreichen. Beim Start von einem Schiff ist das nicht möglich. Daher sind die Decks von Flugzeugträgern mit Katapultsystemen ausgestattet, die das Flugzeug ziehen und dazu beitragen, es aus dem Stand in nur zwei Sekunden auf 250 Kilometer pro Stunde zu beschleunigen. Die meisten Katapulte auf Flugzeugträgern werden durch den Druck von überhitztem Dampf angetrieben.

DAMPFDRUCK

Das Maß dafür, wie stark sich Kräfte auf eine Fläche konzentrieren oder verteilen, nennt man Druck. Der Druck, der ein Flugzeugkatapult antreibt, entsteht durch Erhitzen von Wasser. Dabei wird es zu Wasserdampf (einem Gas), in dem sich die Moleküle sehr schnell bewegen. Die Moleküle in Bewegung üben eine Kraft auf den Behälter aus, der das Gas umgibt, und schieben einen Kolben.

Dampfmoleküle bewegen sich schnell.

Druck schiebt den Kolben.

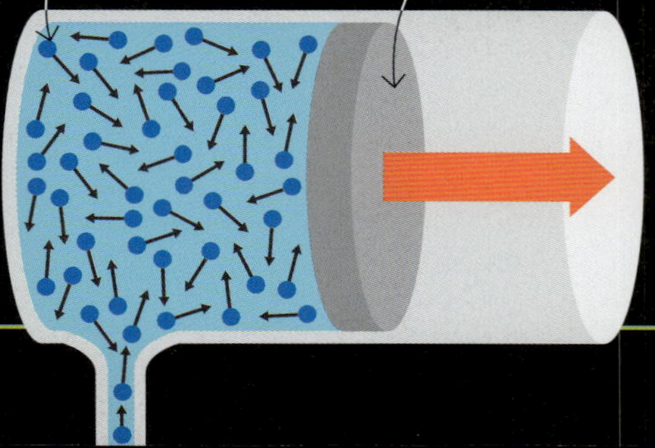

STEINSCHLEUDER
Steinschleudern werden auch Katapulte genannt, funktionieren aber anders als die Katapulte auf Flugzeugträgern. Wenn man an dem Gummiband einer Steinschleuder zieht, wird in ihm elastische Energie gespeichert. Diese Energie beschleunigt dann den Stein, wenn man ihn loslässt.

Wie ein Dampfkatapult funktioniert

Kurz vor dem Start lässt man heißen Dampf aus einem großen Tank durch Rohre in den Hauptzylinder strömen, der entlang der ganzen Startbahn knapp unter dem Deck verläuft. Der Dampfdruck schiebt einen Kolben, der einen Schlitten mit enormer Kraft zieht und das Flugzeug dabei beschleunigt.

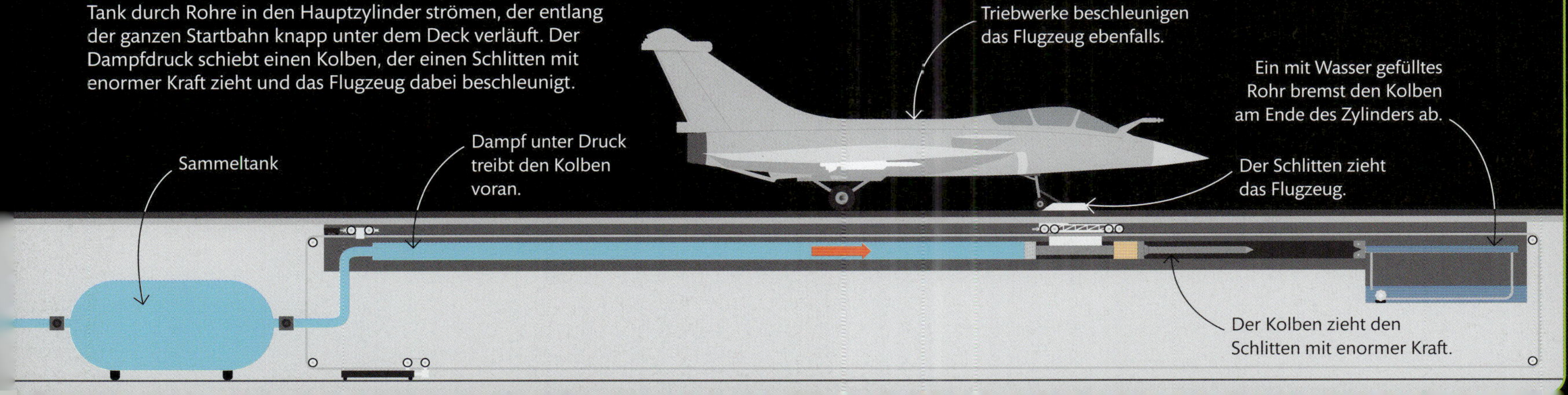

DATEN ÜBERTRAGEN

GLASFASERKABEL

Jeden Tag werden enorme Datenmengen schnell und sicher um die Welt geschickt: in Glasfaserkabeln. Diese enthalten Stränge aus durchsichtigem Kunststoff oder Quarzglas, die so dünn sind wie ein Haar. Sie heißen Glasfasern oder Lichtwellenleiter, denn die Daten werden als Lichtimpulse durch sie hindurch gesendet und dabei von den Wänden der Glasfaser hin und her reflektiert. Heutzutage beruhen das Internet, Fernsehen und Telefonsysteme alle auf Glasfasernetzen.

1 Aufrollen des Kabels
Unterseekabel werden mit Spezialschiffen maschinell verlegt. Vor der Ausfahrt wird das Glasfaserkabel, das Hunderte Kilometer lang sein kann, an Bord des Schiffs auf riesige Trommeln gerollt.

KABELAUFBAU

Ein Glasfaserkabel enthält ein Bündel aus vielen Glasfasern mit jeweils einem Kern und einem Mantel aus durchsichtigem Material, umgeben von einer Schutzbeschichtung. Ein fester Kabelmantel dient zum Schutz gegen Beschädigungen von außen.

LICHT UND REFLEXION

In Glasfaserkabeln wird Information in Form von Lichtimpulsen übertragen. In der Faser wird das Licht durch sogenannte Totalreflexion gehalten, wobei es einen Zickzackweg zurücklegt. Totalreflexion tritt auf, wenn Licht im flachen Winkel auf eine Grenzschicht zwischen zwei Materialien trifft, hier an der Grenze zwischen Kern und Mantel. Da das Licht nie steil genug auftrifft, um die Faser zu verlassen, wird es immer wieder in den Kern zurückgeworfen und läuft so ohne Verluste die gesamte Länge der Faser entlang.

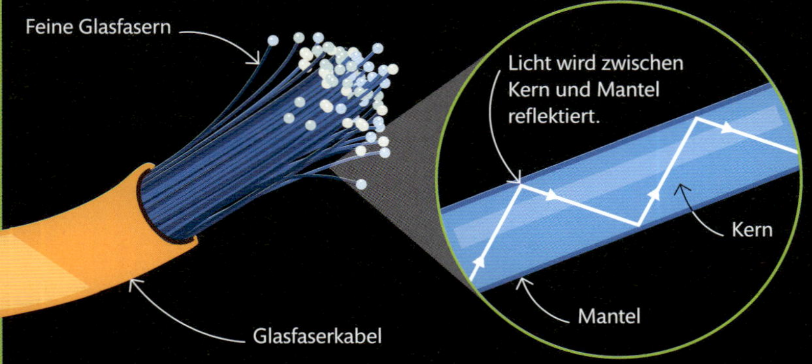

Das leistungsfähigste Kabel der Welt kann 30 Millionen Telefongespräche gleichzeitig übertragen.

2 Ausfahrt
Das Schiff fährt zur Landungsstelle, wo das Kabel mit dem Netz auf dem Festland verbunden wird. Dann fährt das Schiff los und rollt dabei das Kabel hinter sich aus.

3 Einpflügen in den Meeresboden
Am Meeresboden wird das Kabel durch einen Kabelpflug geleitet. Er wird vom Schiff gezogen und pflügt eine Rinne in den Seeboden, in der das Kabel sicher liegt und vor Beschädigungen von außen gut geschützt ist.

4 Inspektion und Reparatur
Trotz der Schutzmaßnahmen kann ein Unterwasserkabel Schaden nehmen. Dann müssen Taucher oder ein kleines Tauchboot das Kabel inspizieren und die beschädigte Stelle zur Oberfläche bringen, damit es repariert werden kann.

Lawinensuchgerät

Bergsteiger und Skifahrer in lawinengefährdeten Gebieten wie diese Gruppe in den Schweizer Alpen tragen Radiosender in ihrer Notfallausrüstung. Diese Lawinenverschüttetensuchgeräte (LVS-Geräte) senden ständig Radiosignale. Wird jemand verschüttet, stellen die anderen ihre Geräte auf Empfang, um die Signale des Geräts des Verschütteten zu lokalisieren. So können Menschen unter dem Schnee einer Lawine gefunden und gerettet werden.

RETTUNG IM NOTFALL

RADIO-KOMMUNIKATION

Kommunikation über weite Entfernungen war langsam und schwierig, bis die Entdeckung von Radiowellen die drahtlose Kommunikation ermöglichte. Radiowellen sind eine Form von elektromagnetischen Strahlen (siehe S. 142), mit der man Signale schnell über weite Entfernungen übertragen kann. Viele moderne Kommunikationsgeräte enthalten einen Transceiver, eine Komponente mit einer Antenne, die Radiowellen sowohl sendet als auch empfängt. Radiowellen werden für Mobiltelefone, Radar, WLAN und vieles andere genutzt.

FUNKSCHLÜSSEL
Ein Funkschlüssel ist ein kleines elektronisches Gerät, mit dem man ein Auto ohne herkömmlichen Schlüssel aufsperren und anlassen kann. Auf Knopfdruck sendet er ein Radiosignal, und der Empfänger im Auto versperrt bzw. öffnet daraufhin die Türen.

Viele astronomische Objekte wie die Sonne und andere große Sterne geben Radiowellen ab.

RADIOSIGNALE

Radiowellen haben die größten Wellenlängen im elektromagnetischen Spektrum. Auf der Erde können sie sich über weite Distanzen ausbreiten. Sie werden in einer Antenne durch veränderliche Ströme erzeugt und breiten sich in alle Richtungen aus. Um Informationen zu übertragen, addiert man ein Signal zu den Wellen. Die Empfängerantenne funktioniert umgekehrt und wandelt Wellen in Strom um.

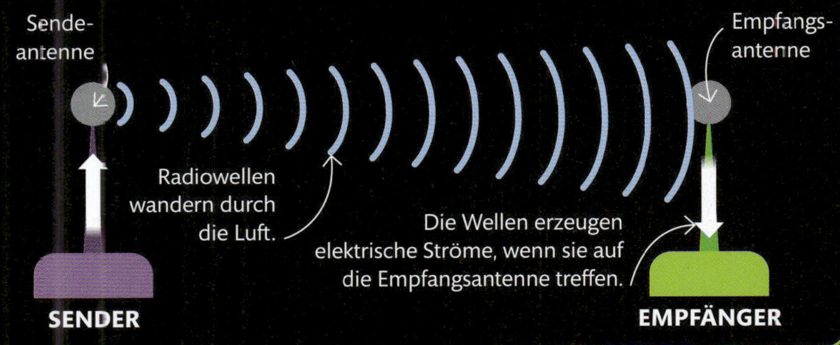

IDENTITÄTS-PRÜFUNG

BIOMETRIE

Jeden Tag entsperren Menschen ihr Handy oder Tablet biometrisch, also mit Körpermerkmalen. Jeder Mensch hat unverwechselbare Körpermerkmale wie Fingerabdruck, Gesichtsform, Stimme und Iris, die farbige Blende im Auge. Bestimme Verhaltensmuster und Bewegungen gehören ebenfalls dazu. Bei der digitalen Identifikation werden die Merkmale einer Person mit Identitäten abgeglichen, die in einer Datenbank gespeichert sind. Identifikationssysteme werden von Unternehmen verwendet, um ihre Angestellten zu authentifizieren, aber auch Polizei- und Zollbehörden arbeiten damit.

DAS MENSCHLICHE AUGE

Damit wir etwas sehen, sammelt das Auge reflektiertes Licht und wandelt es in Informationen um. Das Licht fällt durch die Pupille ins Auge, wird von der Linse gebündelt und auf die Netzhaut projiziert. Die Netzhaut erzeugt daraus elektrische Signale, die der Sehnerv zum Gehirn leitet, das sie zu einem Bild verarbeitet.

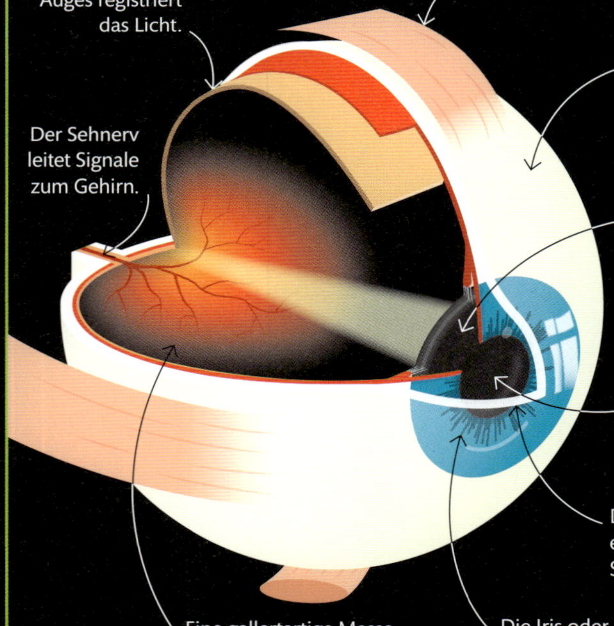

Irisscan
Die Iris wird kontaktlos von einem Scanner „abgetastet". Die Farben bilden ein Muster, das bei jedem Menschen anders ist, sodass man ihn darüber identifizieren kann.

Irisscans sind genauer als Fingerabdrücke, weil man die Iris nicht imitieren kann.

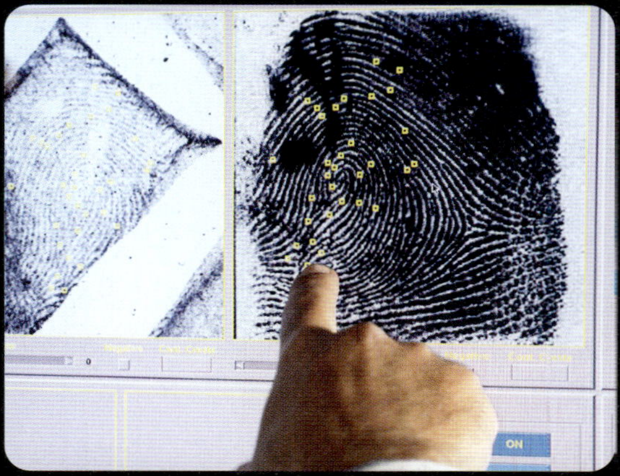

Fingerabdruckscanner

Fingerabdruckscanner nehmen das Muster der winzigen Linien auf den Fingerkuppen auf. Das Bild wird in einer Datenbank mit registrierten Fingerabdruckbildern verglichen, um das ähnlichste Bild zu finden und so die Person zu identifizieren.

Gesichtserkennung

Vom Abstand zwischen den Augen bis zur Länge der Kieferpartie hat jedes Gesicht einzigartige Merkmale. Gesichtserkennungssysteme vermessen diese Merkmale und gleichen sie mit einer Datenbank ab. Wenn sie mit einem Datensatz übereinstimmen, bestätigt das die Identität der Person.

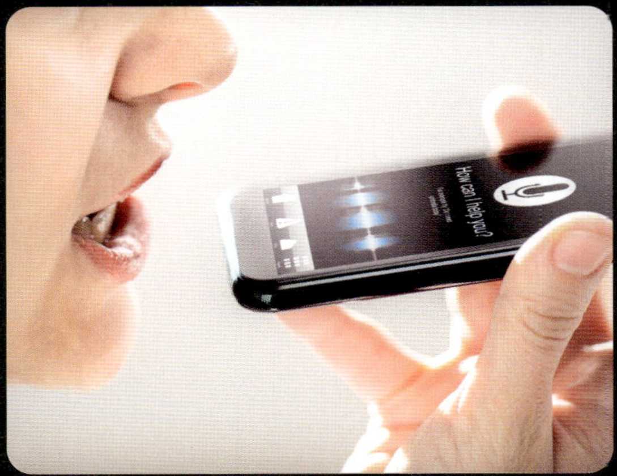

Spracherkennung

Spracherkennungssoftware gleicht den Klang unserer Stimme mit einer Datenbank mit gesprochenen Wörtern ab. Mit der Zeit lernt sie, wie es sich anhört, wenn wir diese Wörter in Sätzen verwenden. So ist es möglich, Geräte per Sprachbefehl zu steuern.

Globales Spielen

Spieler des populären Spiels *Fortnite* nehmen 2019 am ESL Katowice Royale in Polen teil. Solche E-Sport-Wettkämpfe sind riesige Veranstaltungen mit Spielerteams, Publikum und Sponsoren aus der ganzen Welt. Sie werden live im Internet gestreamt.

Der erfolgreichste E-Sport-Clan, Team Liquid, gewann 2021 über 36 Millionen Dollar Preisgeld.

ZUSAMMEN SPIELEN

ONLINE-SPIELE

Das Internet hat verändert, wie wir arbeiten, lernen und sogar wie wir spielen. Man kann riesige Videospielturniere organisieren, in denen Elitespieler und Teams parallel in der gleichen Spielumgebung miteinander konkurrieren. Das Internet verbindet weit voneinander entfernte Spieleserver oder auch viele Computer an einem Ort durch ein lokales Netzwerk. Alles, was über das Internet miteinander verbunden ist, folgt bei der Datenübertragung festen Regeln, die Protokolle heißen.

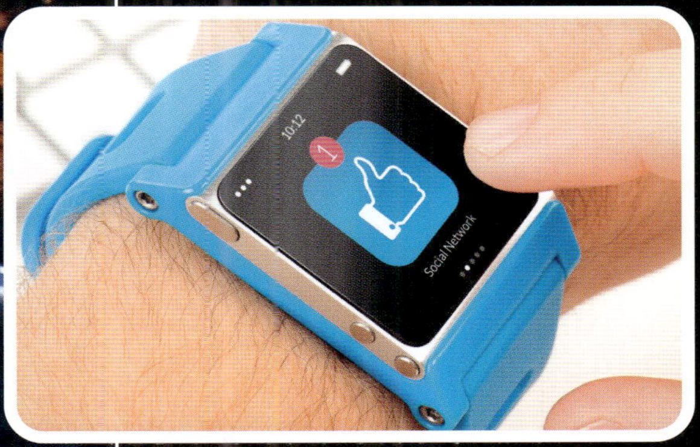

DAS INTERNET DER DINGE

Milliarden Geräte teilen Daten über das Internet, und dieses Netz hat den Spitznamen „Internet der Dinge". Dazu gehören alle möglichen Arten internetfähiger Geräte wie Smartwatches, fahrerlose Autos und Luftmessstationen.

DAS INTERNET

Das Internet ist ein weltweites System von Computernetzen, die durch Infrastruktur wie Satelliten und Kabel miteinander verbunden sind. Computer und andere Geräte im Haushalt greifen über einen Provider auf das Internet zu.

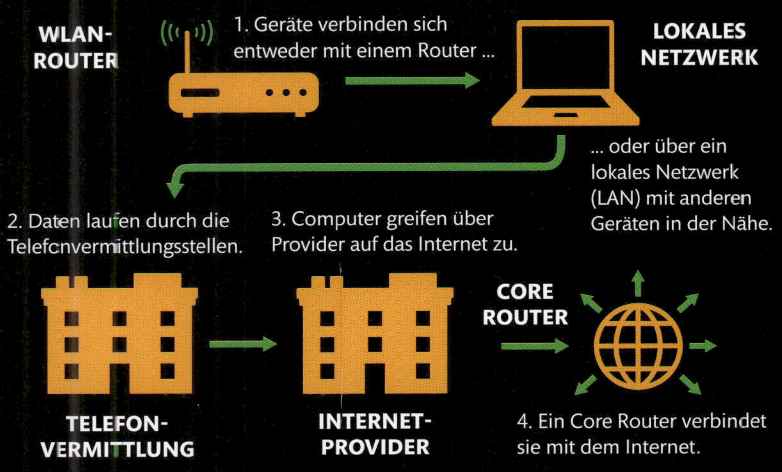

4

LEBEN ERHALTEN UND SCHÜTZEN

Die Erde ist der einzige Planet, von dem wir wissen, dass er Leben trägt, und dieses Wunder des Lebens ist wertvoll und verletzlich. Dank der Wissenschaft haben wir Medikamente gegen Krankheiten, lebenserhaltende Maschinen und Prothesen entwickelt. Wissenschaftliche Erkenntnisse helfen auch, die Folgen des Klimawandels zu reduzieren und die natürliche Umwelt zu erhalten.

BEKÄMPFUNG VON KRANKHEITEN

ANTIBIOTIKA

Bakterien sind winzige Organismen, die Krankheiten wie Lungenentzündung auslösen können. Doch einige Bakterien und Pilze produzieren natürliche Substanzen, die andere Bakterien abwehren. Forscher stellen aus ihnen Antibiotika her: Medikamente gegen Krankheiten, die durch Infektionen mit Bakterien entstehen. Über die Hälfte der heutigen Antibiotika kommen von Arten der Bakteriengattung *Streptomyces*, die in großen Kolonien wächst.

ANTIBIOTIKARESISTENZ

Bakterien, die zu lange mit Antibiotika in Kontakt sind, entwickeln die Fähigkeit, ihnen zu widerstehen: Man sagt, sie werden resistent. Resistente Bakterien wie Methicillin-resistenter *Staphylococcus aureus* (MRSA) hier im Bild führen zu gefährlichen Infektionen, die man nicht behandeln kann.

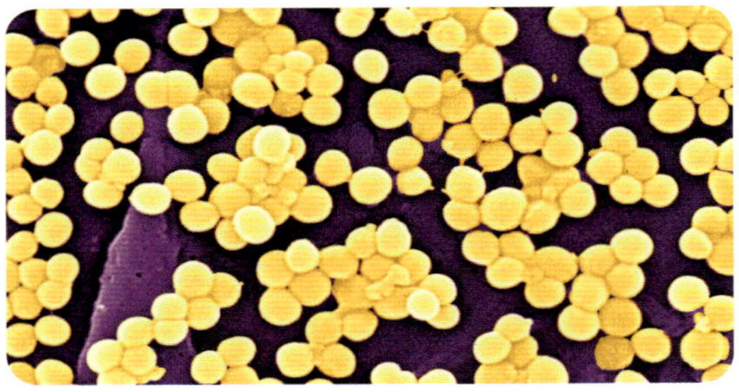

BAKTERIEN

Bakterien sind einzellige Organismen und die am weitesten verbreiteten Lebewesen. Die meisten Bakterien sind nützlich und harmlos. Etwa 40 Billionen leben in und auf deinem Körper, und die Bakterien im Darm helfen bei der Verdauung. Einige Arten sind aber schädlich und lösen Infektionen aus. Antibiotika wirken auf verschiedene Weise und töten Bakterien oder stören ihre Funktion.

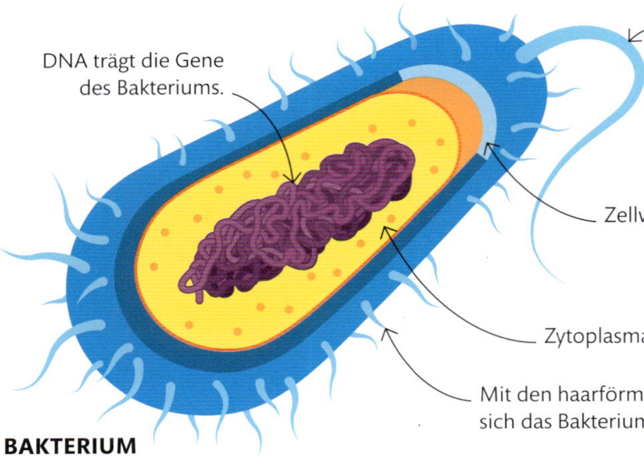

EINZELNES BAKTERIUM

Aus diesen Tröpfchen stellt man Antibiotika her.

Im Labor gezüchtete Kolonie von *Streptomyces*-Bakterien

Bakterienkolonie

Das Bild zeigt eine Vergrößerung einer Kolonie von Bakterien der Art *Streptomyces coelicolor*. Diese Bakterien geben Flüssigkeitstropfen ab, aus denen Wissenschaftler bis zu fünf verschiedene Antibiotika herstellen. Antibiotika werden in Tablettenform verabreicht.

Bakterienkiller

Dieser Schimmelfleck ist ein wachsender Klumpen des Pilzes *Penicillium*. Die chemischen Stoffe im Pilz töten die Klumpen roter Bakterien in der Umgebung ab, sodass sie ihre Farbe verlieren. Das lebensrettende Antibiotikum Penizillin wurde ursprünglich aus *Penicillium* gewonnen.

BEKÄMPFUNG VON COVID-19

IMPFUNGEN

2020 breitete sich eine Pandemie, eine globale Krankheitswelle, aus. Sie entsteht durch einen winzigen Keim, der so klein ist, dass man ihn nicht einmal unter einem Mikroskop sieht: ein sogenanntes Virus. Dieses spezielle Virus, das Coronavirus, infiziert die Lungen und führt zu einer Krankheit, die man COVID-19 nennt. Um zu verhindern, dass sich gesunde Menschen anstecken, haben Wissenschaftler Impfstoffe entwickelt. Das sind Stoffe, die den Körper lehren, das Virus zu erkennen und abzuwehren. Es gibt Impfstoffe für viele Krankheiten.

VIRUSVARIANTEN

Viren verändern ständig die Struktur, sodass neue Varianten entstehen. Jedes Jahr muss man einen neuen Grippe-Impfstoff entwickeln, der gegen die gerade verbreitete Variante wirkt. Impfstoffe werden an Freiwilligen getestet, damit sie sicher und wirksam sind.

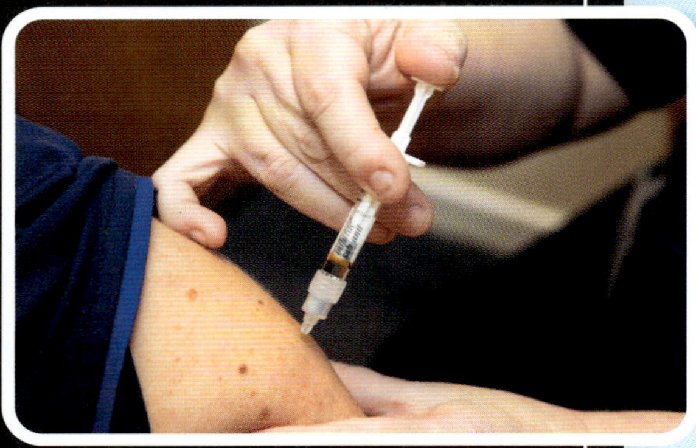

WIE IMPFSTOFFE WIRKEN

Impfstoffe nutzen das Immunsystem des Körpers zur Bekämpfung von Krankheiten. Ein Teil des Immunsystems lernt, Krankheitserreger (Viren oder Bakterien) zu erkennen, die in den Körper eingedrungen sind, sodass es sie sehr schnell zerstören kann, wenn sie später erneut eindringen. Dazu produziert es bestimmte Substanzen, die Antikörper, die sich sofort an die Krankheitserreger heften und sie markieren, damit diese zerstört werden. Impfstoffe regen das Immunsystem zur Produktion von Antikörpern für einen spezifischen Erreger an, ohne dass der Erreger vorhanden ist. Dann ist der Körper gegen diesen Erreger geschützt, obwohl er ihm noch gar nicht ausgesetzt war.

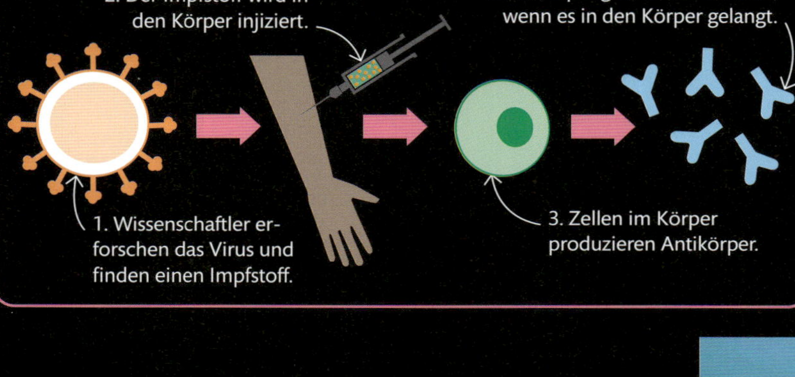

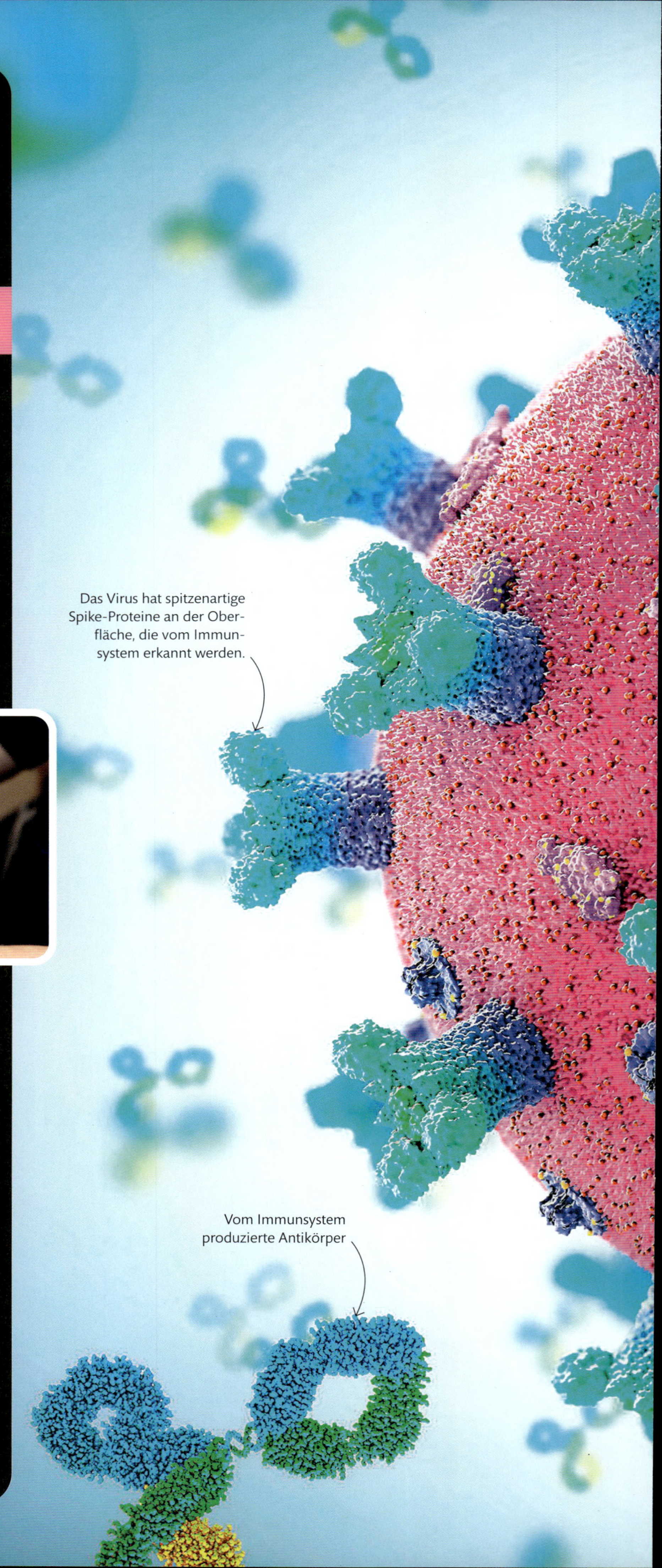

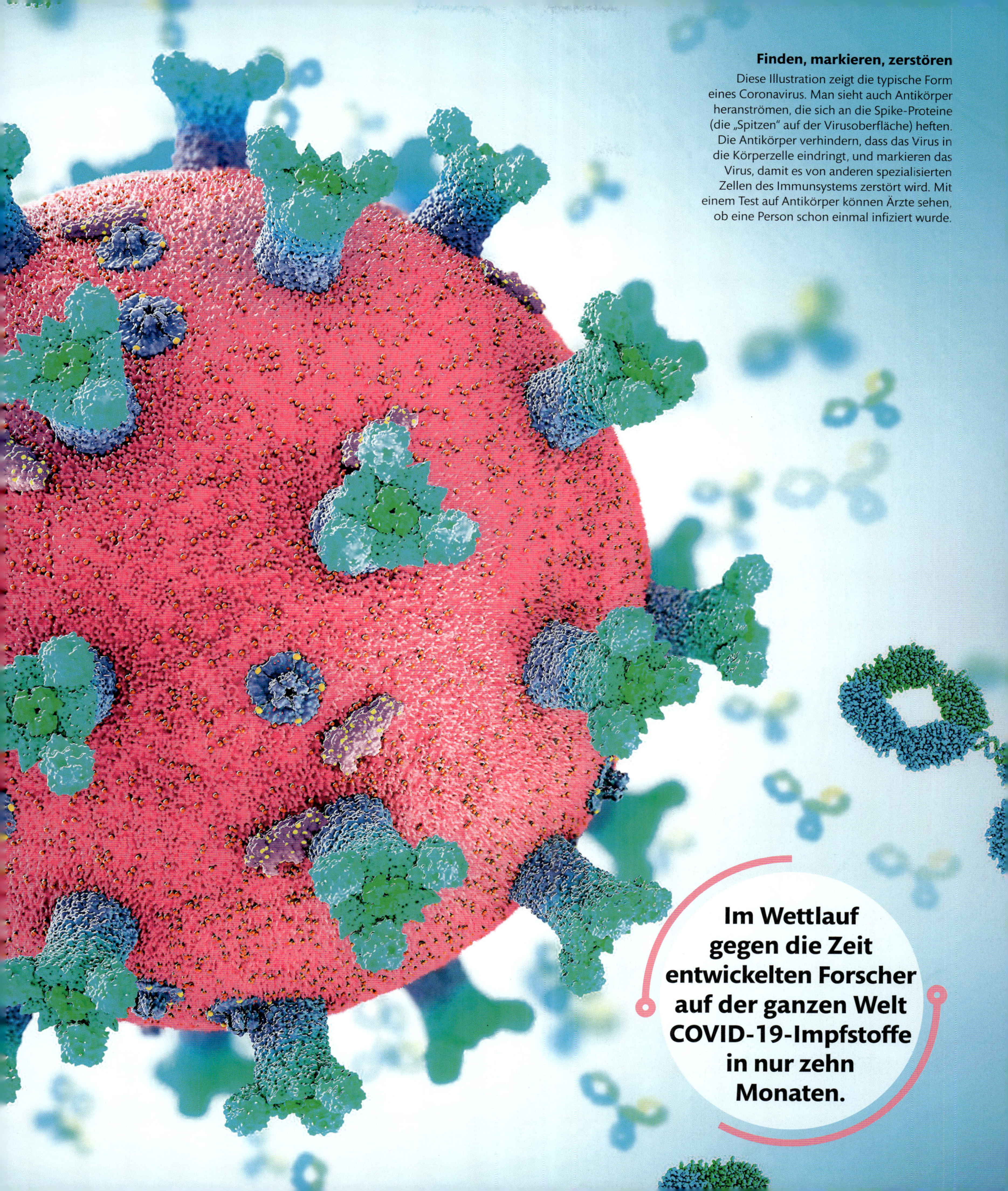

Finden, markieren, zerstören

Diese Illustration zeigt die typische Form eines Coronavirus. Man sieht auch Antikörper heranströmen, die sich an die Spike-Proteine (die „Spitzen" auf der Virusoberfläche) heften. Die Antikörper verhindern, dass das Virus in die Körperzelle eindringt, und markieren das Virus, damit es von anderen spezialisierten Zellen des Immunsystems zerstört wird. Mit einem Test auf Antikörper können Ärzte sehen, ob eine Person schon einmal infiziert wurde.

Im Wettlauf gegen die Zeit entwickelten Forscher auf der ganzen Welt COVID-19-Impfstoffe in nur zehn Monaten.

ROTER LEBENSSAFT

BLUTSPENDEN

Wie Haut und Knochen gilt Blut als Gewebe – ein System spezialisierter Zellen. Blut transportiert Sauerstoff, Kohlendioxid und Nährstoffe durch die Blutbahnen und hilft, den Körper auf der richtigen Temperatur zu halten. Blut enthält auch weiße Blutkörperchen, die Infektionen bekämpfen und Antikörper gegen Krankheiten produzieren. Wenn man bei Verletzungen oder Operationen Blut verliert oder wegen einer Krankheit mehr Blut braucht, erhält man Blut, das andere gespendet haben.

BLUTTESTS

Bluttests sind ein wichtiger Bereich der Medizin. Mit ihnen misst man den Gehalt an bestimmten Substanzen wie Salzen, Fetten und Zucker. Aus den Ergebnissen kann der Arzt ersehen, wie gut Nieren, Leber und andere Organe funktionieren.

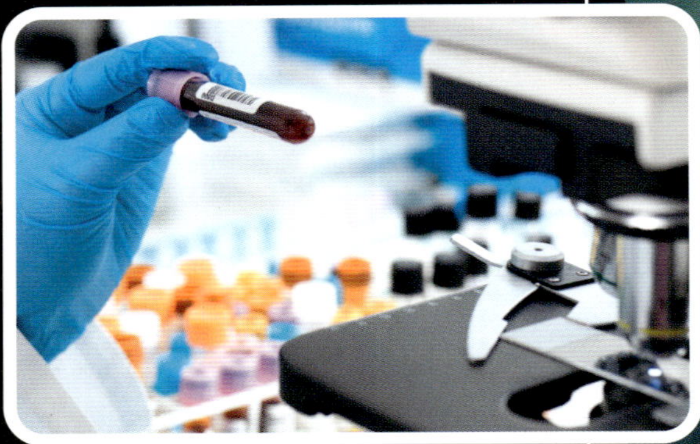

BLUT

Blut besteht aus mehreren Zelltypen, die in einer wässrigen Flüssigkeit, dem Plasma, treiben. Es wird vom Herzen durch den Körper gepumpt und strömt in dünnen Schläuchen, den Blutgefäßen. Es gibt drei Grundtypen von Blutzellen: rote und weiße Blutkörperchen und Blutplättchen. Sie haben jeweils eine andere Aufgabe.

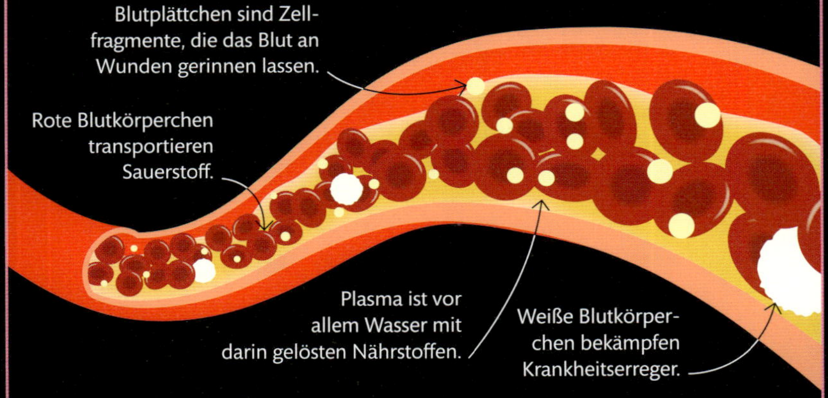

QUERSCHNITT DURCH EIN BLUTGEFÄSS

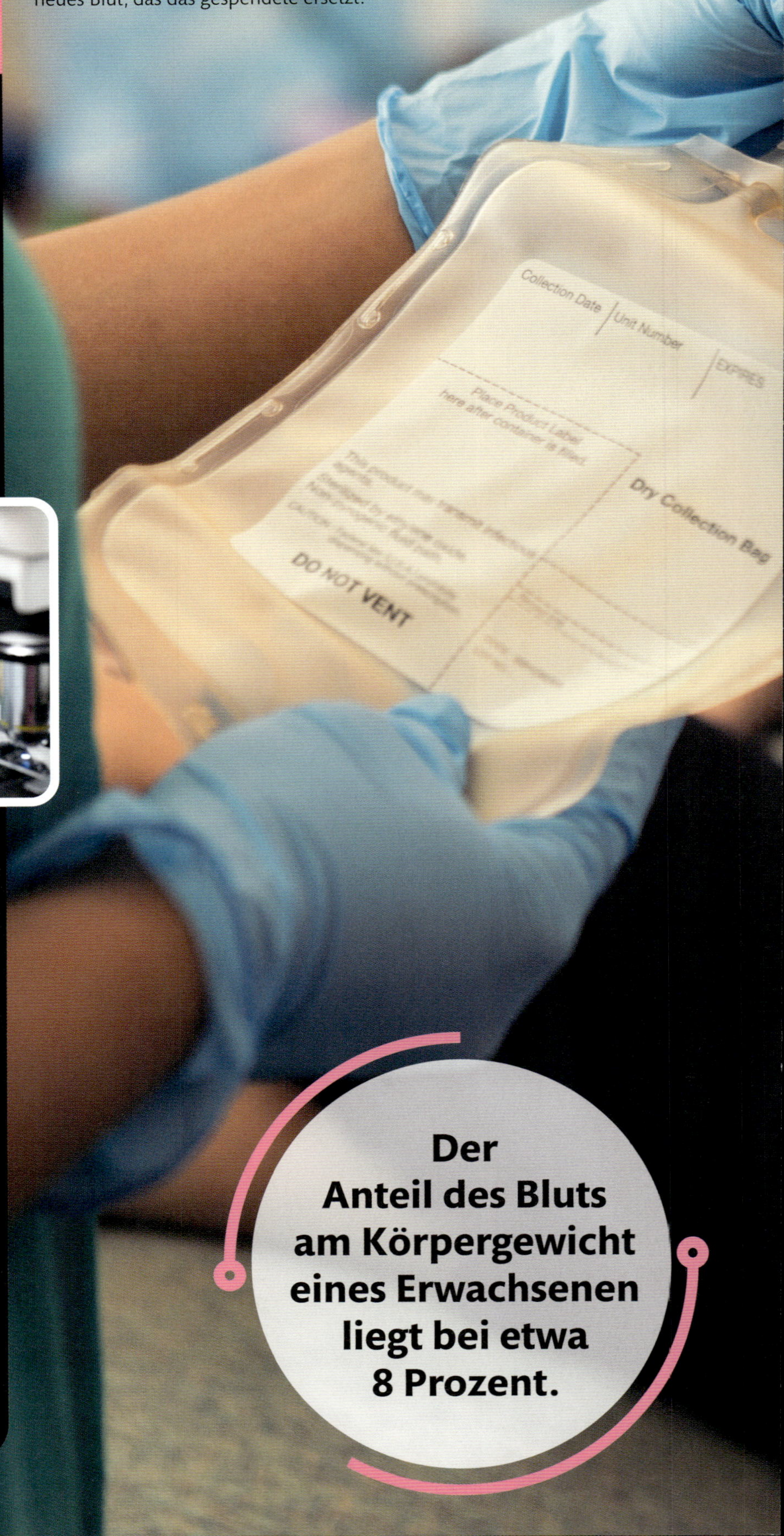

Blutspende

Blut ist für das Funktionieren des menschlichen Körpers essenziell. Wenn jemand zu viel Blut verliert, kann man sein Leben durch eine Transfusion retten: Man pumpt das Blut einer anderen Person in seinen Körper. Das ist möglich, weil gesunde Freiwillige Blut für die Krankenhäuser spenden. Der Körper des Spenders bildet im Lauf der Zeit neues Blut, das das gespendete ersetzt.

Der Anteil des Bluts am Körpergewicht eines Erwachsenen liegt bei etwa 8 Prozent.

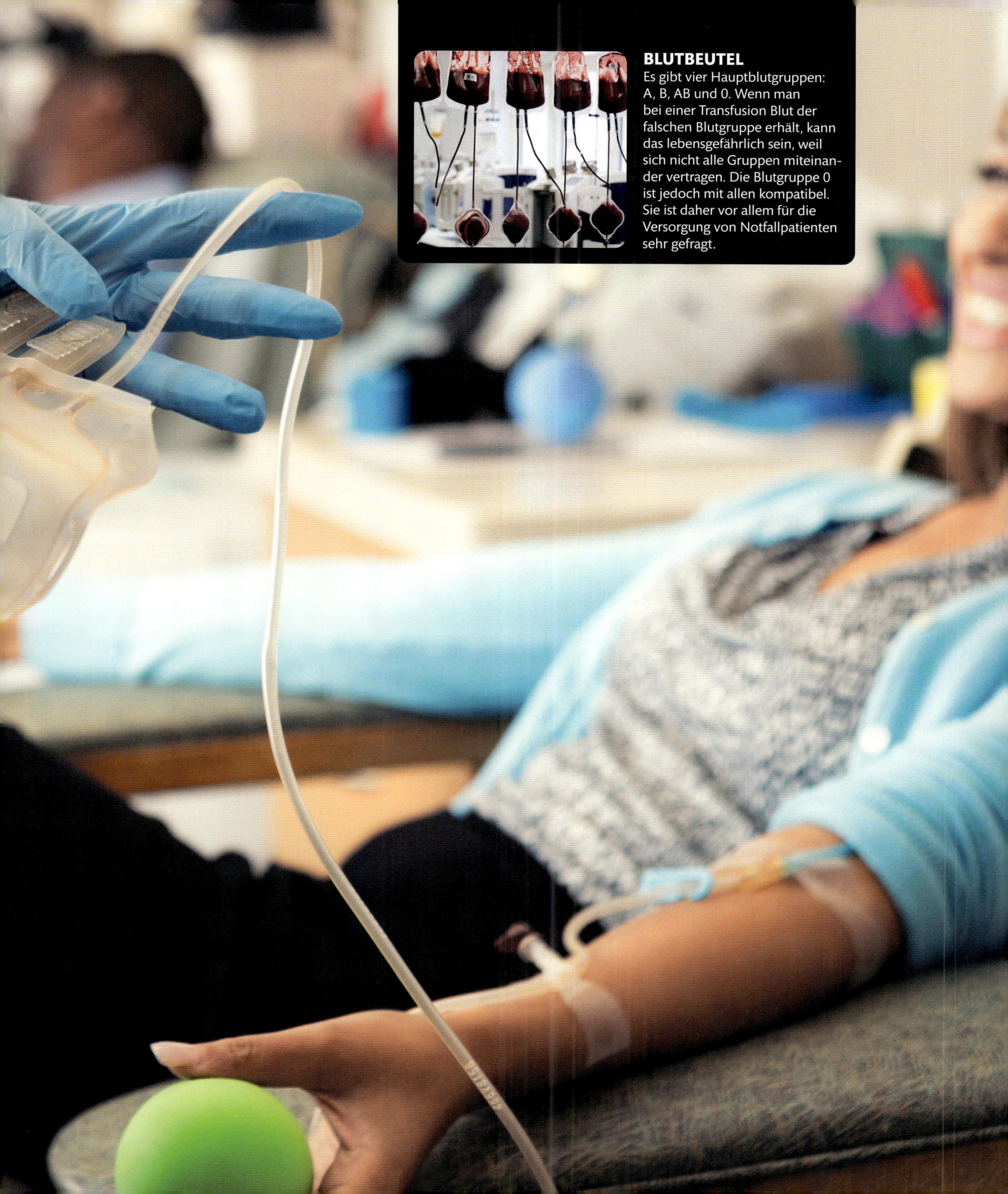

BLUTBEUTEL

Es gibt vier Hauptblutgruppen: A, B, AB und 0. Wenn man bei einer Transfusion Blut der falschen Blutgruppe erhält, kann das lebensgefährlich sein, weil sich nicht alle Gruppen miteinander vertragen. Die Blutgruppe 0 ist jedoch mit allen kompatibel. Sie ist daher vor allem für die Versorgung von Notfallpatienten sehr gefragt.

HILFE BEIM HERZSCHLAG

SCHRITTMACHER

Der Herzschrittmacher ist eine lebensrettende Erfindung, um den Herzschlag unter Kontrolle zu halten. Millionen Menschen auf der ganzen Welt leiden unter verschiedenen Formen von unregelmäßigem Herzschlag, was die Gesundheit beeinträchtigen kann. Ein Schrittmacher ist ein kleines, batteriegetriebenes Gerät, das in den Körper eingesetzt wird. Es misst den Herzschlag und korrigiert ihn, wenn das Herz aus dem Rhythmus kommt, durch winzige elektrische Impulse.

WINZIGES GERÄT

Herzschrittmacher müssen sehr klein sein, damit sie im Körper nicht stören. Die meisten sind so groß wie eine Streichholzschachtel. Wissenschaftler arbeiten daran, noch kleinere Geräte zu bauen. Einige nicht größer als eine Tablette.

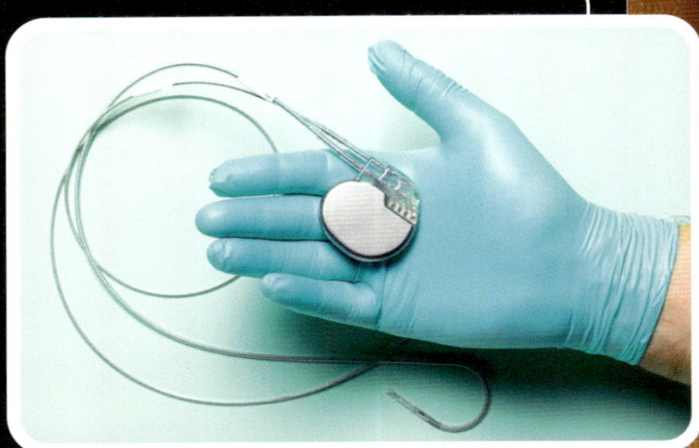

DAS HERZ

Das Herz ist ein kräftiges muskuläres Organ, das Blut durch den Körper pumpt, indem es sich regelmäßig zusammenzieht und wieder ausdehnt. Der Rhythmus wird von elektrischen Signalen gesteuert. Das Herz hat zwei Seiten mit jeweils zwei Bereichen: Herzkammer und Vorhof. Die rechte Seite pumpt das Blut in die Lunge, wo es Sauerstoff aufnimmt. Dann strömt das Blut zur linken Herzseite zurück und wird wieder in den Körper gepumpt.

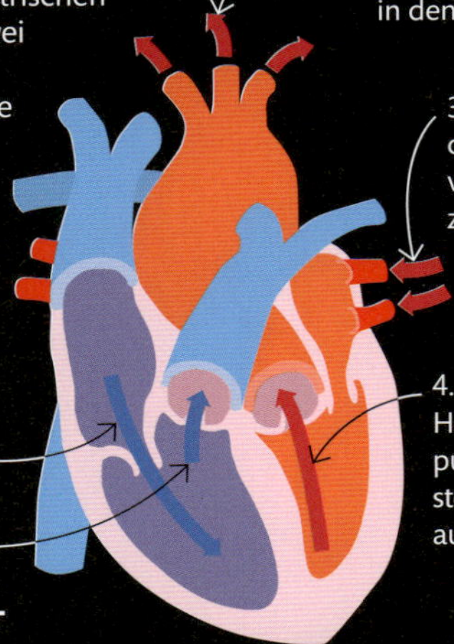

1. Sauerstoffarmes Blut aus dem Körper strömt in den rechten Vorhof.
2. Die rechte Herzkammer pumpt das Blut zur Lunge.
3. Sauerstoffreiches Blut strömt von der Lunge zum Herzen.
4. Die linke Herzkammer pumpt sauerstoffreiches Blut aus dem Herzen.
5. Eine große Röhre, die Aorta, leitet das sauerstoffreiche Blut in den Körper.

SAUERSTOFFARMES BLUT
SAUERSTOFFREICHES BLUT

Die Batterie in einem Schrittmacher kann 10 Jahre lang halten.

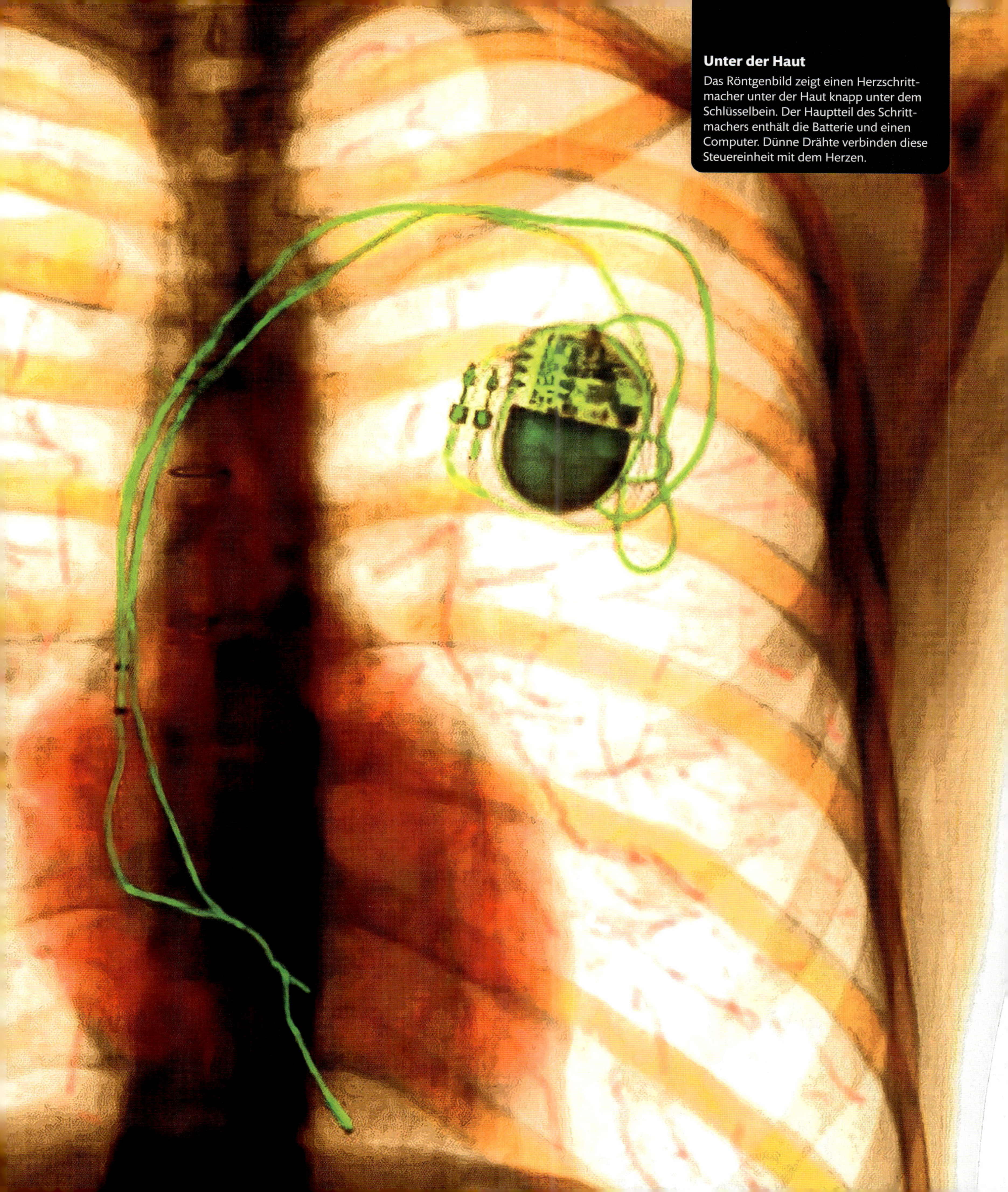

Unter der Haut

Das Röntgenbild zeigt einen Herzschrittmacher unter der Haut knapp unter dem Schlüsselbein. Der Hauptteil des Schrittmachers enthält die Batterie und einen Computer. Dünne Drähte verbinden diese Steuereinheit mit dem Herzen.

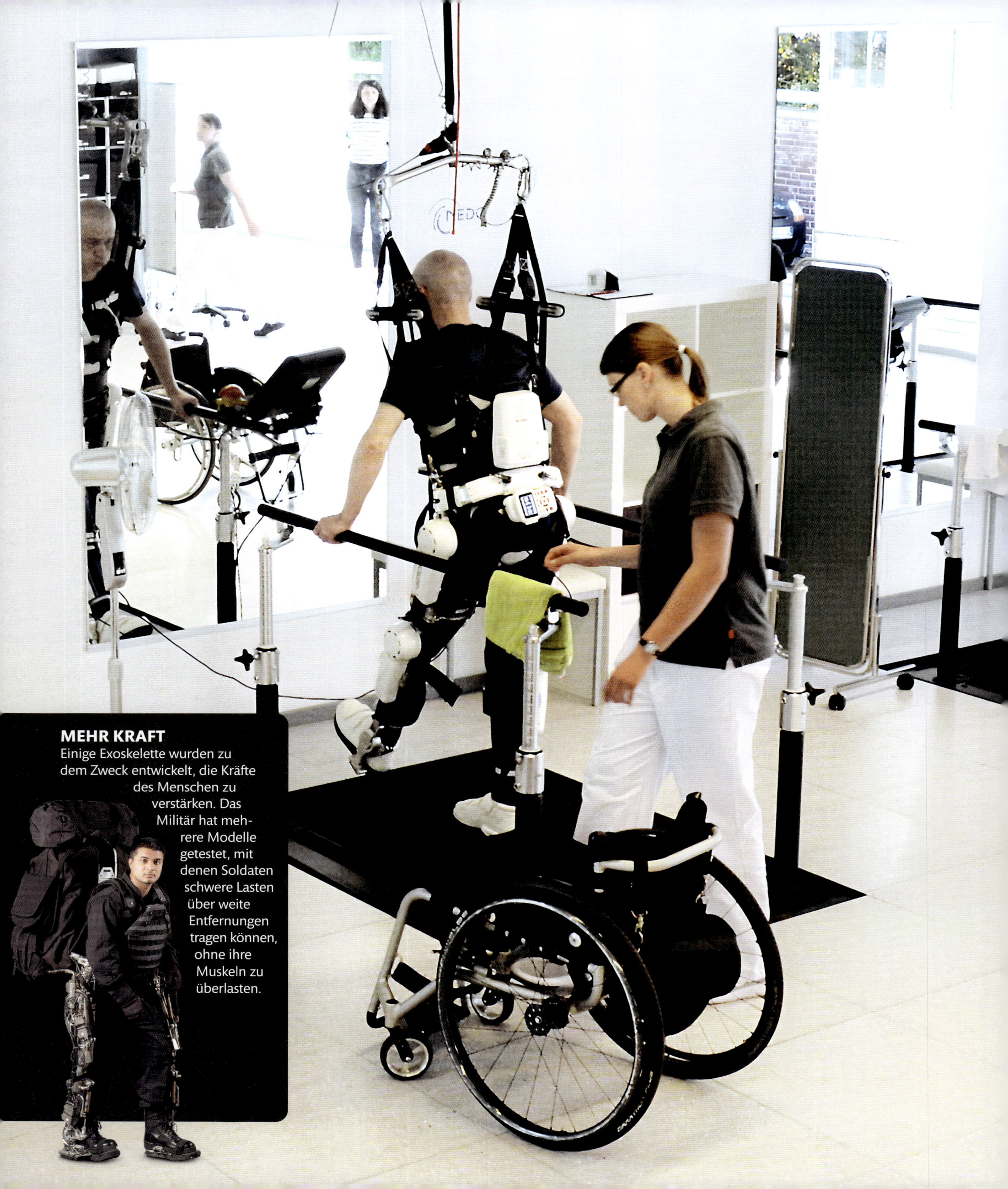

MEHR KRAFT

Einige Exoskelette wurden zu dem Zweck entwickelt, die Kräfte des Menschen zu verstärken. Das Militär hat mehrere Modelle getestet, mit denen Soldaten schwere Lasten über weite Entfernungen tragen können, ohne ihre Muskeln zu überlasten.

Einen Schritt nach dem anderen
Im Trainingszentrum von Cyberdyne Care Robotics in Bochum lernen Menschen, die durch Schäden am unteren Nervensystem gehbehindert sind, wieder zu gehen. Der Roboteranzug unterstützt die Bewegung und leitet Signale ans Gehirn zurück, was die Nervenverbindung zwischen dem Gehirn und den Gliedmaßen stärkt.

Der Amerikaner Adam Gorlitsky lief 2020 in einem Roboteranzug einen Marathon in 33 Stunden.

MOBILITÄTS-MASCHINE

EXOSKELETTE

In der Natur sind Exo- oder Außenskelette panzerartige Strukturen, die den Körper von Insekten, Krebsen und ähnlichen Tieren stützen. Künstliche Exoskelette oder Roboteranzüge sind tragbare Maschinen, die mit Sensoren, Motoren, Hebeln und anderen Teilen Körperbewegungen unterstützen und verstärken. Einige registrieren Signale des Nervensystems und interpretieren sie, während andere mit Sensoren etwa in den Schuhen arbeiten, die aktiviert werden, wenn der Körper das Gewicht verlagert.

DAS NERVENSYSTEM

Das Nervensystem kontrolliert die Aktivität des Körpers. Wenn der Körper Veränderungen in der Umgebung wahrnimmt, senden Nervenzellen Signale ans Gehirn, das entscheidet, wie darauf zu reagieren ist. Dann sendet es elektrische Signale zu den Körperteilen, etwa an die Muskeln, um die Bewegung zu steuern.

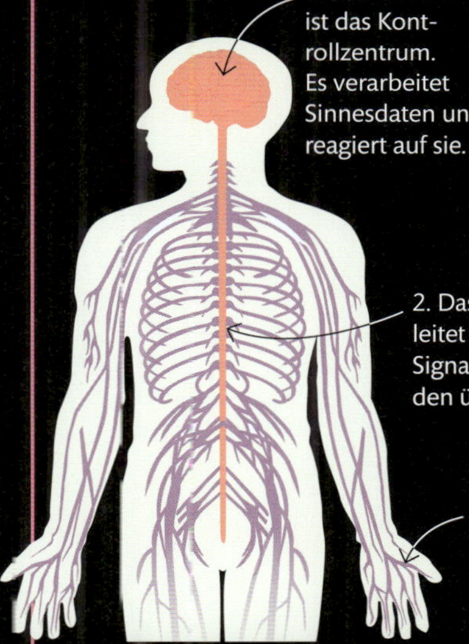

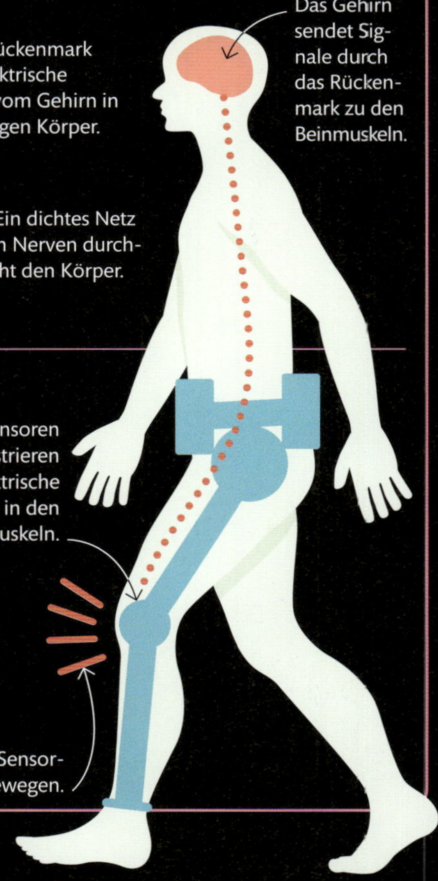

Roboteranzug
Ein Typ Exoskelett, HAL genannt, hat elektrische Sensoren, die auf der Haut platziert werden, um die Signale vom Gehirn an verschiedene Muskeln zu registrieren. Das Steuersystem verarbeitet diese Signale und bewegt dann die entsprechenden Teile des Roboteranzugs, um die Bewegung des Körpers zu unterstützen.

LEBENSERHALTUNG

MEDIZINTECHNIK

Der menschliche Körper besteht aus komplizierten Systemen, die manchmal versagen. Im Lauf der letzten hundert Jahre haben enorme technische Fortschritte zur Erfindung von Geräten geführt, die in solchen Fällen einspringen und die Funktion der gestörten Systeme übernehmen können. Einige medizinische Geräte sind dazu da, die Funktionen des Körpers besser zu verstehen, andere helfen, Störungen zu erkennen, und wieder andere dienen dazu, diese zu behandeln.

KÖRPERSYSTEME

Unser Körper hat viele Systeme von miteinander verbundenen Organen und Geweben, die auf bestimmte Aufgaben spezialisiert sind. Das Verdauungssystem ermöglicht uns, Energie aus Nahrung zu gewinnen. Das Atmungssystem liefert Sauerstoff, und der Kreislauf lässt das Blut im Körper zirkulieren.

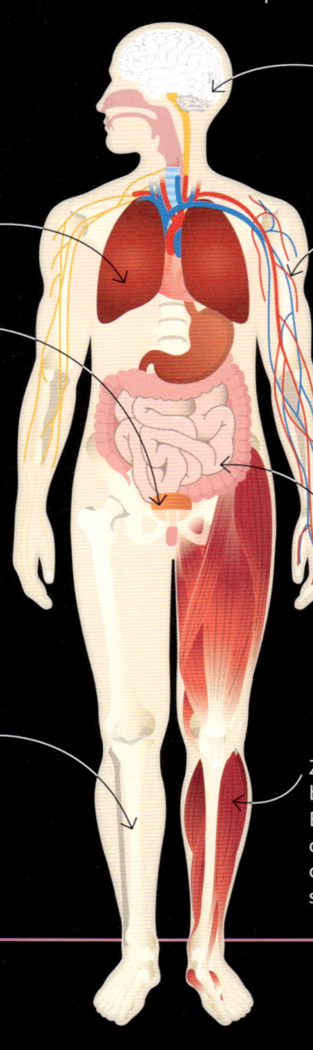

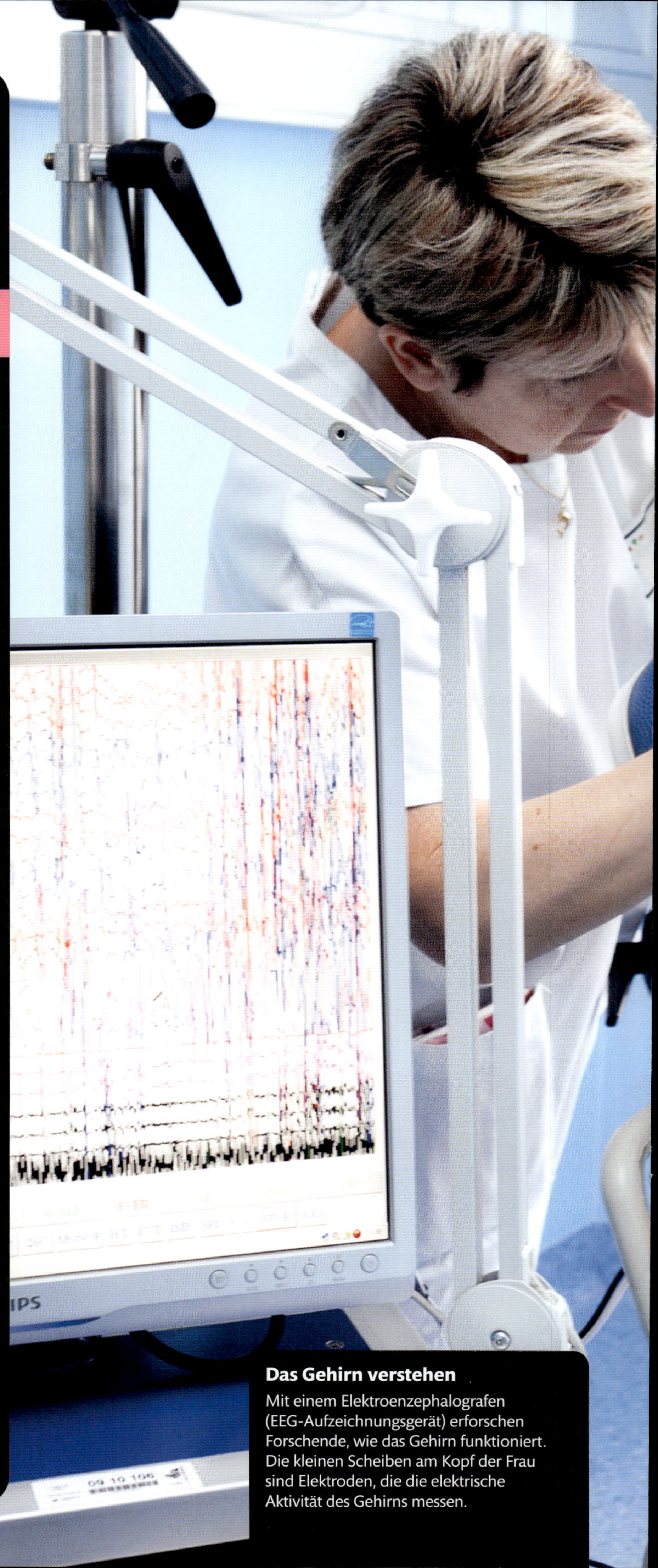

Das Gehirn verstehen

Mit einem Elektroenzephalografen (EEG-Aufzeichnungsgerät) erforschen Forschende, wie das Gehirn funktioniert. Die kleinen Scheiben am Kopf der Frau sind Elektroden, die die elektrische Aktivität des Gehirns messen.

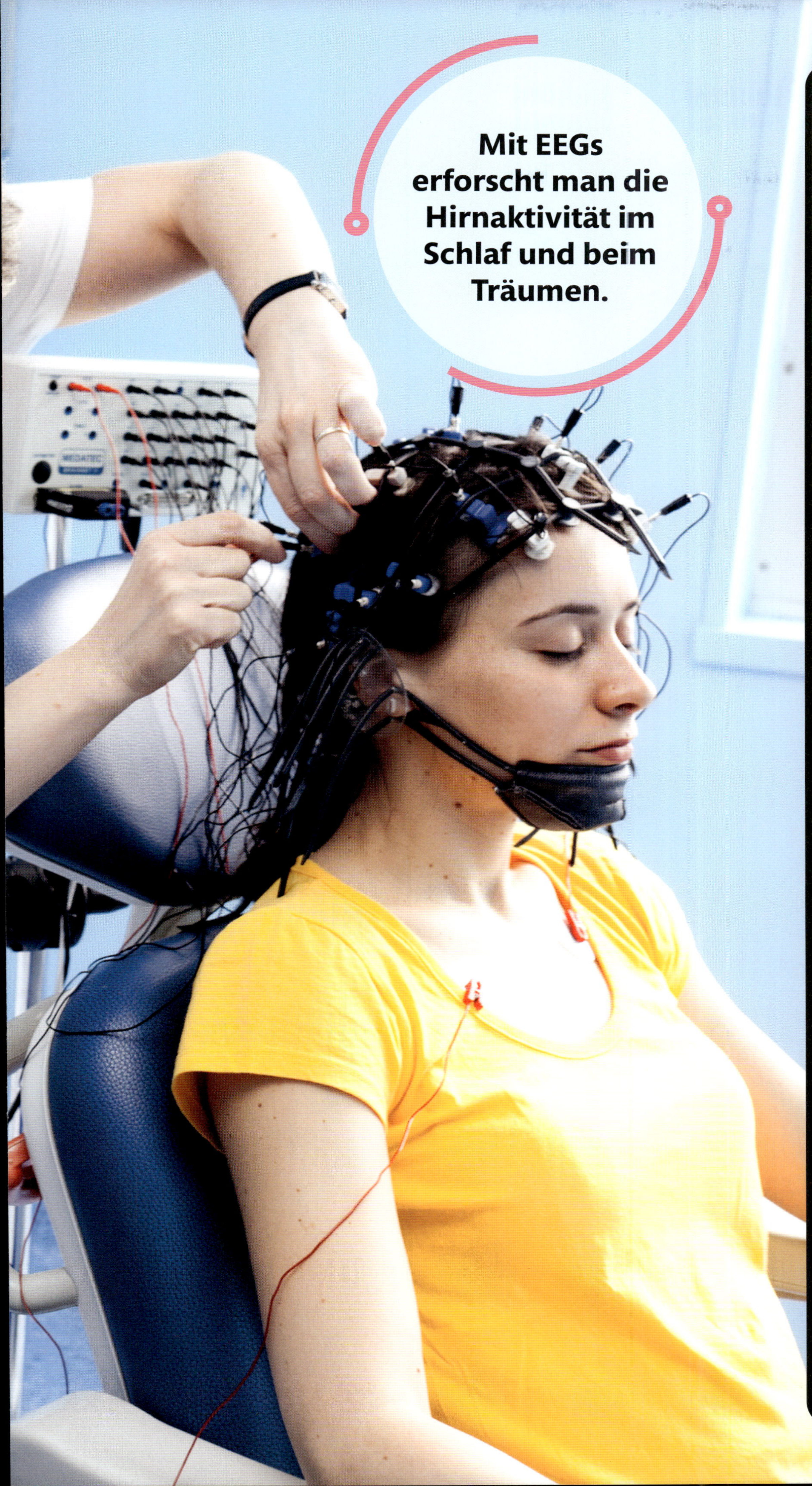

Mit EEGs erforscht man die Hirnaktivität im Schlaf und beim Träumen.

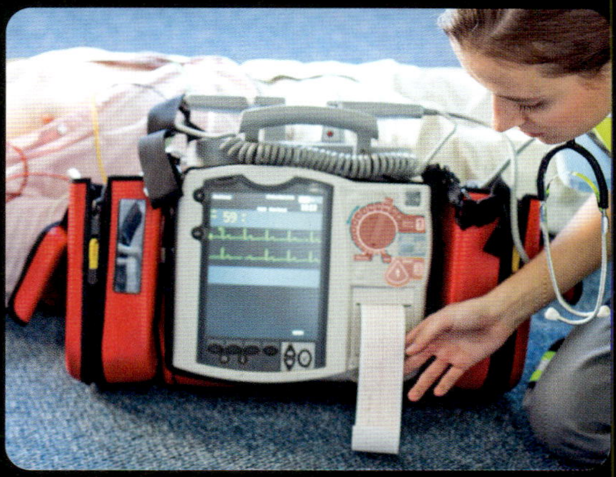

Defibrillator

Wenn das Herz – das Zentrum des Kreislaufs – unregelmäßig oder gar nicht mehr schlägt, müssen Ersthelfer augenblicklich reagieren. Defibrillatoren senden elektrische Stromstöße an das Herz, damit es wieder in Gang setzt und regelmäßig schlägt.

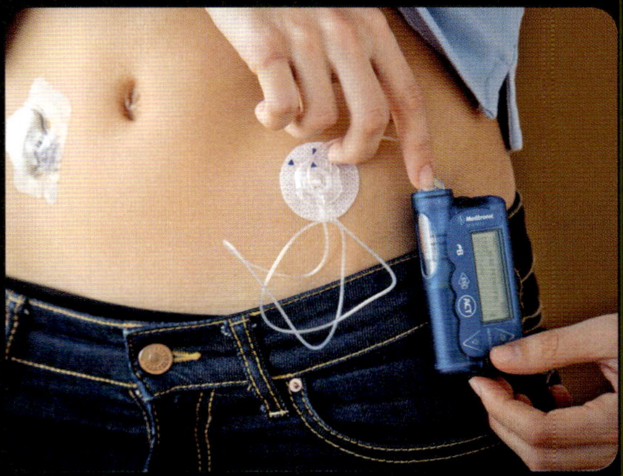

Insulinpumpe

Insulin wird normalerweise von der Bauchspeicheldrüse produziert und ist wichtig, um den Zuckergehalt im Blut stabil zu halten. Menschen mit Diabetes (auch Zuckerkrankheit genannt) erzeugen nicht genügend Insulin, aber mit einer Insulinpumpe kann man zusätzliches Insulin ins Blut leiten.

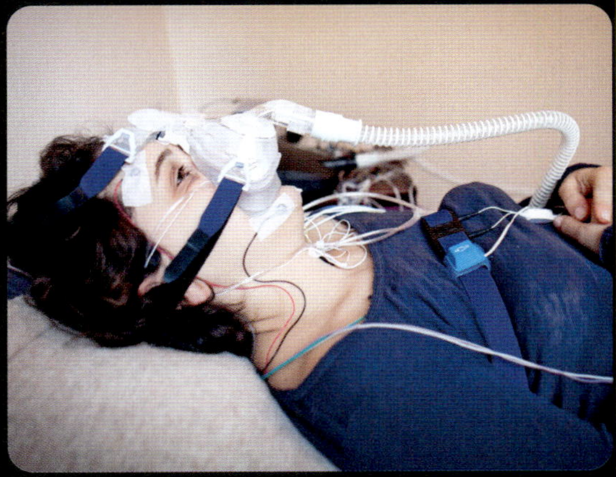

CPAP-Beatmungsgerät

Bei manchen Menschen ist das Atmungssystem gestört, vor allem im Schlaf, und sie bekommen nicht genug Luft. CPAP-Atemmasken (von engl. *continuous positive airway pressure*, „kontinuierlicher positiver Luftwegedruck") erhöhen den Luftdruck, damit die Luft leichter in die Lungen strömt.

Schalldetektor
Ein Cochlea-Implantat hat mehrere Komponenten. Die äußere Einheit nimmt die Schallwellen auf und erzeugt elektrische Signale, die das Gehirn interpretieren kann. Diese Signale werden an den implantierten Teil übertragen, der sie an die Cochlea (Hörschnecke) leitet, sodass sie über den Hörnerv ins Gehirn gelangen.

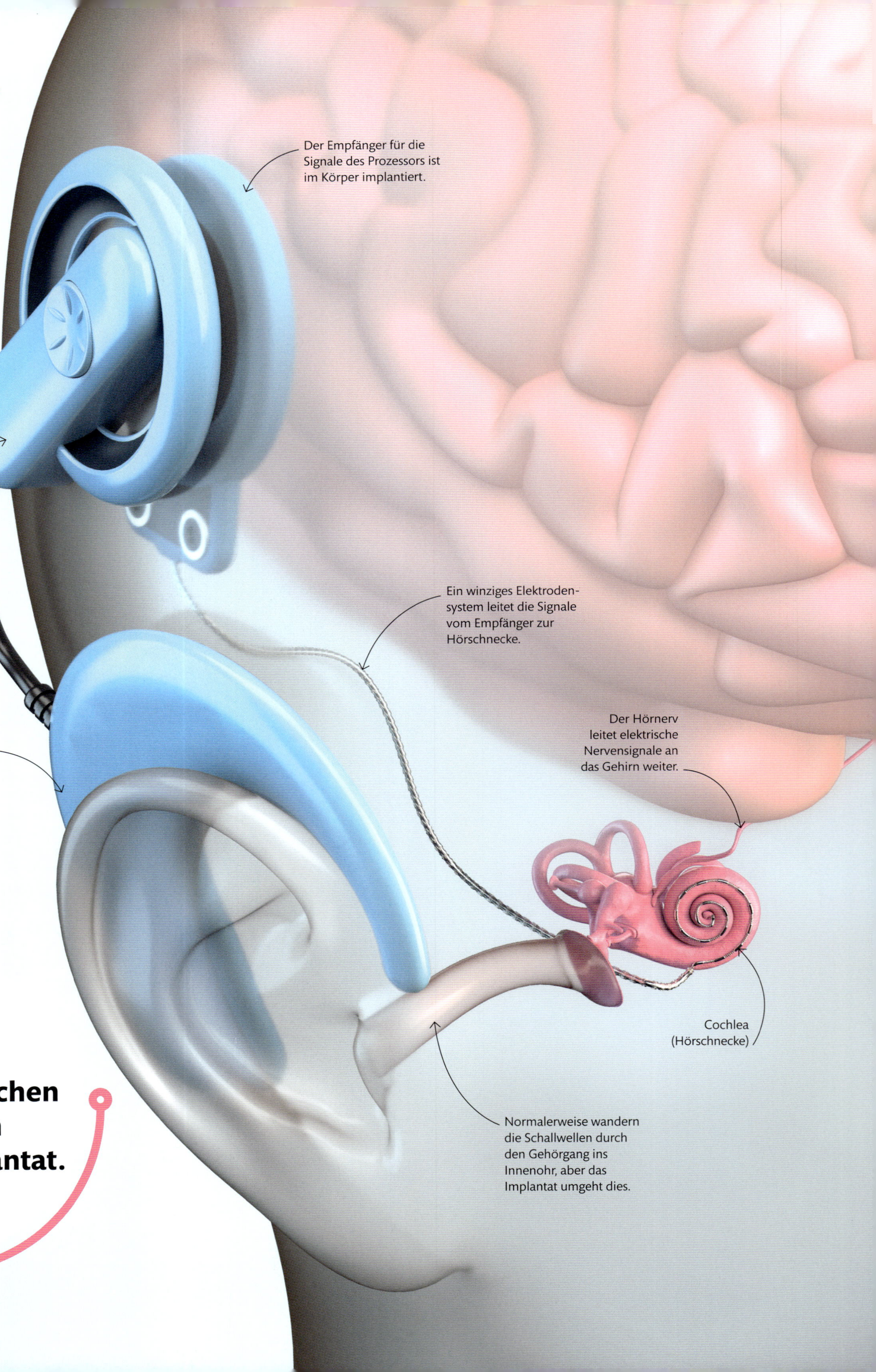

Über 250 000 Menschen haben ein Cochlea-Implantat.

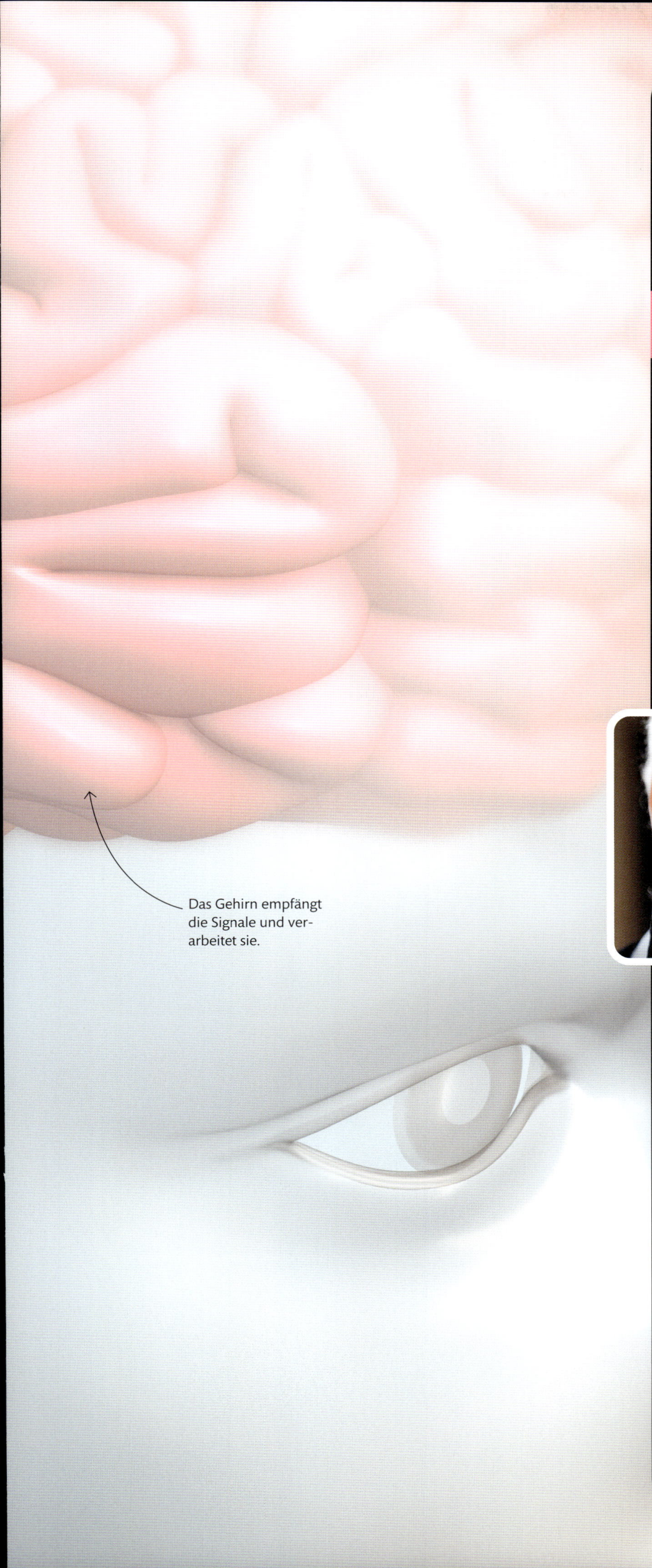

SCHALL WAHRNEHMEN

COCHLEA-IMPLANTAT

Hörgeräte können Schwerhörigen helfen, indem sie den Schall verstärken, bevor er ins Ohr gelangt. Doch einige Menschen haben einen so grundlegenden Gehörverlust, dass das nicht mehr hilft. Cochlea-Implantate sind Geräte, die das Innenohr umgehen und Schall in elektrische Signale umwandeln, die direkt ins Gehirn geleitet werden. Ein Teil des Geräts wird chirurgisch eingesetzt („implantiert"), der andere Teil sitzt außerhalb des Körpers an der Seite des Kopfes.

SENSOR ZUM SEHEN

Bionische Augen nutzen ein ähnliches Prinzip wie Cochlea-Implantate und sollen Menschen mit Sehbehinderungen helfen. Sie sind aber bisher noch nicht allgemein verfügbar. Eine Kamera an der Brille nimmt Bilder auf und leitet die Seheindrücke direkt ins Gehirn.

DAS OHR

Hören ist ein Vorgang, bei dem das Ohr und das Gehirn Schwingungen der Luft interpretieren. Schallwellen, die das Ohr erreichen, lassen das Trommelfell schwingen. Diese Schwingungen werden durch die Gehörknöchelchen an die Cochlea (Hörschnecke) übertragen, die sie in Signale für das Gehirn umwandelt.

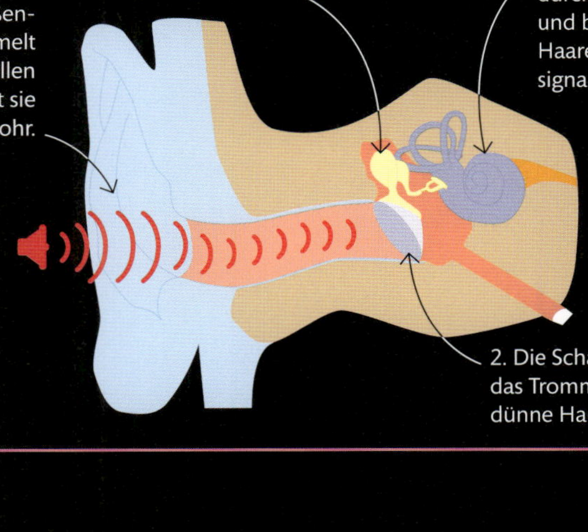

Karbonfedern bestehen aus vielen Lagen von kohlenstofffaserverstärktem Kunststoff, die dünner als ein Haar sind.

PARALYMPICS

KARBONFEDERFUSS

Mit Laufprothesen können Menschen, denen Teile der Beine amputiert wurden, sportlich aktiv sein. Eine bekannte Form ist der Karbonfederfuß, auch Lauffeder oder Running Blade genannt. Diese Prothese ist keine Kopie biologischer Beine, sondern leicht, elastisch und geschwungen und springt wieder in ihre Form zurück, wenn sie durch Kräfte verformt wurde. Die Lauffeder funktioniert ähnlich wie Beinmuskeln und Sehnen: Sie verformt sich durch das Körpergewicht und speichert elastische Energie, die beim Sprung freigesetzt wird.

EXTRA SPRUNGKRAFT

Der Effekt beim Trampolin entsteht durch die Stahlfedern, mit denen das Sprungtuch an dem festen Rahmen aufgehängt ist. Wenn eine Person springt, drückt ihr Gewicht die Federn nach unten. Die Federn sind elastisch und üben eine ebenso starke Kraft in die Gegenrichtung (nach oben) aus, wenn sie sich wieder zusammenziehen. Diese Kraft schleudert die Person in die Luft.

Nach vorne und oben

Atsushi Yamamoto ist ein beinamputierter Sportler aus Japan, der im Weitsprung und bei anderen Sprungwettbewerben mit Karbonfeder-Prothesen antritt. Bei den Paralympics 2016 in Rio de Janeiro gewann er die Silbermedaille im Weitsprung.

ELASTIZITÄT

Ein Karbonfederfuß funktioniert wie eine Sprungfeder. Wenn der Sportler einen Schritt macht, belastet er die Feder, sodass sie sich biegt und Energie in Form von elastischer Energie speichert. Dann springt die Karbonfeder in ihre ursprüngliche Form zurück, gibt die gespeicherte Energie wieder ab und übt eine Kraft auf den Körper aus. Die Energie wird zu Bewegungsenergie, die den Sportler beschleunigt.

1. Das Gewicht des Sportlers verbiegt die Feder, die elastische Energie speichert.

2. Das Gewicht verlagert sich auf die Spitze der Karbonfeder.

3. Die Feder entspannt sich und übt eine Kraft aus, die den Sportler vorwärts beschleunigt.

SICHERE FAHRT

CRASHTESTS

Um herauszufinden, wie sicher ein Fahrzeug ist, führen Ingenieure Crashtests durch, die nachahmen, was bei einem Autounfall passiert. Bei einem Aufprall wird ein fahrendes Auto plötzlich gestoppt, nicht aber die Bewegung der Insassen. Sie bewegen sich weiter vorwärts und das kann zu schweren Verletzungen führen. Die in den Crashtests gesammelten Daten helfen, das Verletzungsrisiko zu verringern und Sicherheitseinrichtungen im Auto, wie Airbags oder Sicherheitsgurte, zu verbessern.

CRASHTEST-DUMMYS

Bei Crashtests verwendet man lebensgroße Puppen, die in Beweglichkeit und Gewebe dem menschlichen Körper nachempfunden sind. Es gibt sie in verschiedenen Größen: Babys, Kinder, Frauen und Männer. Jeder Dummy enthält über 130 Sensoren, die Daten liefern, was genau bei einem Unfall mit ihm passiert.

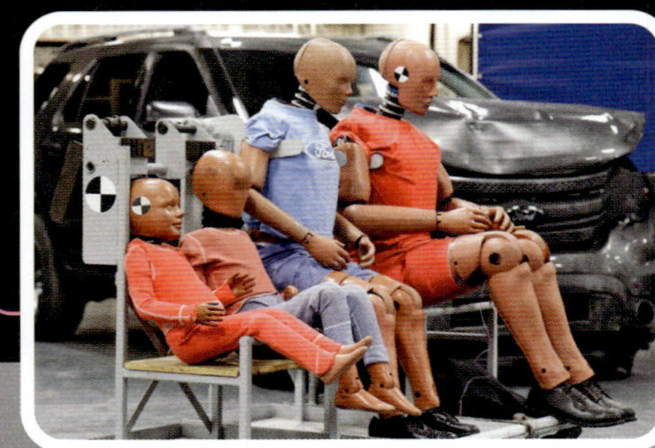

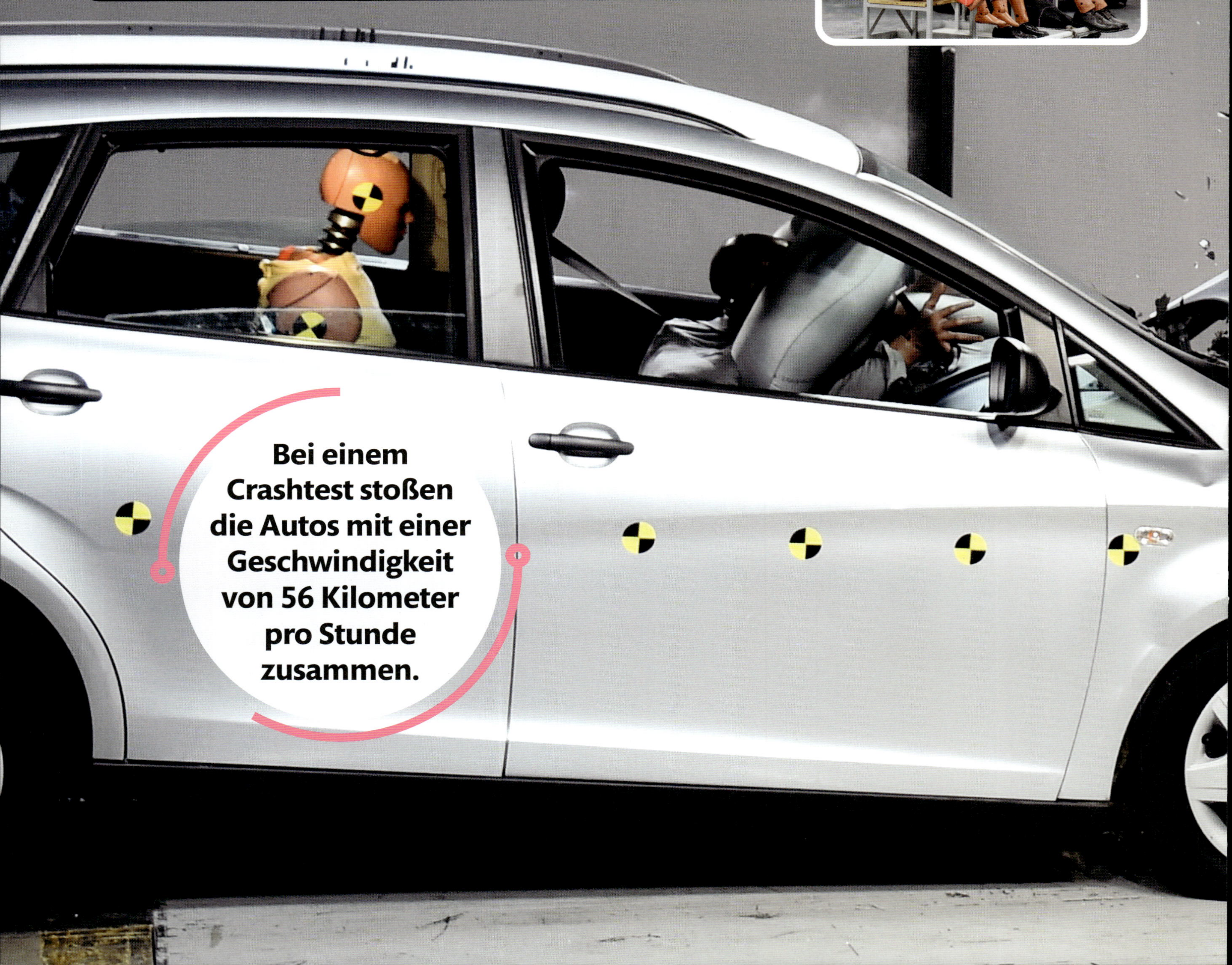

Bei einem Crashtest stoßen die Autos mit einer Geschwindigkeit von 56 Kilometer pro Stunde zusammen.

IMPULS

Der Impuls ist ein Maß dafür, wie stark sich ein Objekt bewegt. Je schneller es ist und je mehr Masse es hat, desto größer ist sein Impuls. Bei einem Aufprall ändert sich der Impuls des Autos sehr schnell, aber die Insassen bewegen sich weiter vorwärts. Airbags und Sicherheitsgurte verringern den Impuls der Insassen. Knautschzonen dienen dazu, dass sich der Impuls des Autos weniger schnell ändert.

Unfallsimulation

Zwei Autos kollidieren auf einer Teststrecke nahe Paris (Frankreich). Die Dummys auf der Rückbank tragen keine Sicherheitsgurte, um zu demonstrieren, wie gefährlich es ist, wenn sich Fahrzeuginsassen nicht anschnallen.

UNSICHTBARES LICHT

UV-STRAHLUNG

Das Licht, das wir sehen, ist eine Form von Energie, die man elektromagnetische Strahlung nennt. Solche Strahlung breitet sich als Wellen aus, aber die meisten Wellen sind zu lang oder zu kurz, um vom menschlichen Auge gesehen zu werden. Ultraviolettstrahlung (UV) entsteht in der Sonne und anderen Sternen, aber man kann sie auch mit speziellen Lampen erzeugen. Diese können zur Desinfektion von Oberflächen eingesetzt werden, aber auch auf der Suche nach Indizien an Tatorten.

ELEKTROMAGNETISCHES SPEKTRUM

UV-Strahlung ist eine von mehreren Arten elektromagnetischer Strahlung, die man sich alle auf einer Linie aufgereiht vorstellen kann, die elektromagnetisches Spektrum heißt. Auf der linken Seite des Spektrums sind Strahlungsarten mit großen Wellenlängen wie Radiowellen. Das sichtbare Licht in der Mitte ist der einzige Bereich des Spektrums, den wir mit dem Auge sehen können. Strahlungsarten mit kürzerer Wellenlänge wie Gammastrahlen liegen auf der rechten Seite des Spektrums. UV-Strahlung hat kürzere Wellenlängen als das sichtbare Licht. Man unterteilt sie noch weiter in kleinere Wellenlängenbereiche.

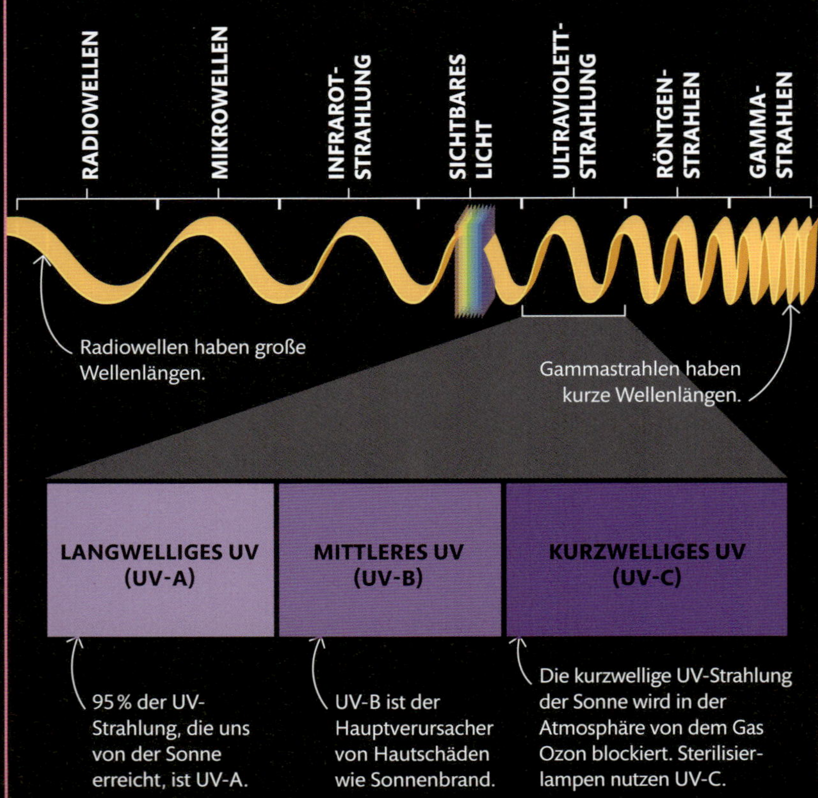

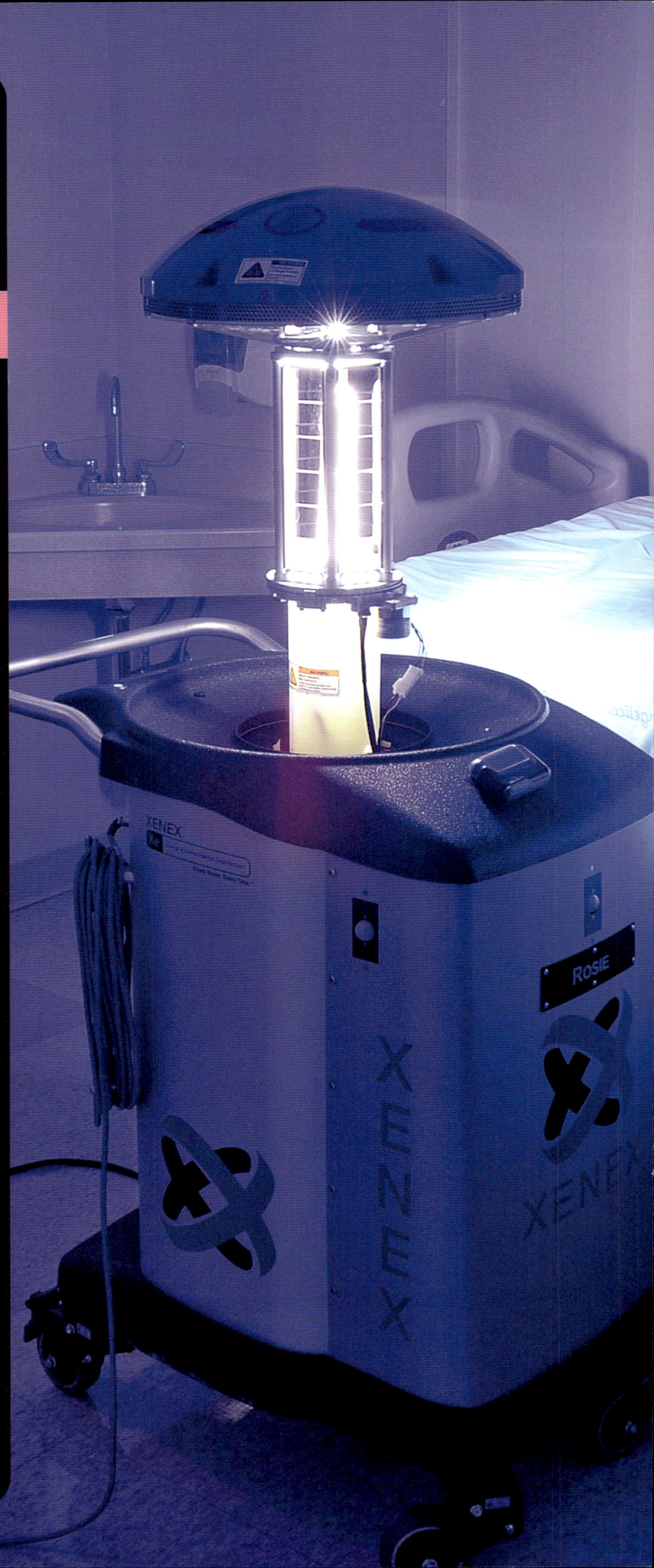

Sauber und steril

UV-Strahlung hat eine hohe Energie und tötet Erreger, weil sie deren DNA schädigt. In Krankenhäusern desinfizieren Roboter mit UV-Lampen schnell und effektiv die Patientenzimmer und Gänge.

Viele Tiere wie Rentiere, Fledermäuse und Bienen können UV-Licht sehen.

Bestimmung von Gestein

Einige Minerale leuchten unter UV-Lampen. Das Mineral Willemit leuchtet grün, während Fluorit weiß oder violett leuchtet. Der Vorgang heißt Fluoreszenz: Die Substanz absorbiert UV-Strahlung und gibt die Energie als sichtbares Licht wieder ab.

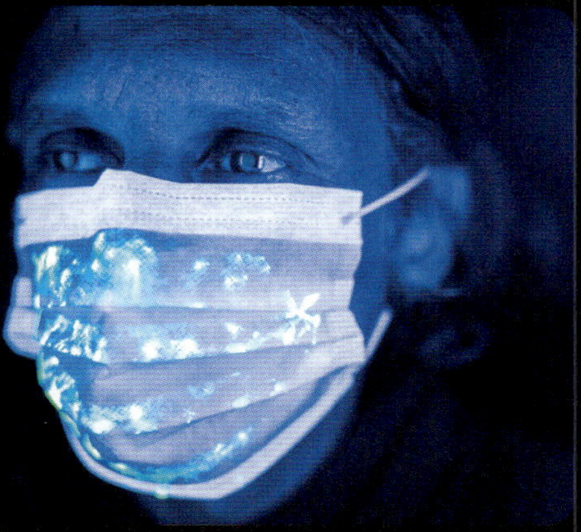

Hygieneprüfung

Mit UV-Lampen kann man prüfen, wie sauber eine Oberfläche ist. Durch die Strahlung werden einige Dinge wie Bakterien oder Körperflüssigkeiten sichtbar. Diese Bild zeigt, wie sich Speichel und andere Körperflüssigkeiten auf einer Gesichtsmaske ansammeln.

Echt oder gefälscht?

Papiergeld wird auf Echtheit geprüft, indem man unter einer UV-Lampe nach Fluoreszenzmustern sucht. Die staatlichen Druckereien bringen diese Muster als Sicherheitsmerkmal auf das Papier auf, weil sie für Fälscher schwer nachzumachen sind.

In die Tiefe tauchen

Taucher haben Druckluftflaschen, die sie unter Wasser mit Sauerstoff zum Atmen versorgen. So können sie länger tauchen und haben mehr Zeit, um nach Schiffswracks zu suchen oder Fische aus der Nähe zu betrachten.

Freitaucher können bis zu 11 Minuten lang die Luft anhalten.

ATMEN UNTER WASSER

SAUERSTOFFFLASCHEN

Sauerstoff ist für uns Menschen lebenswichtig, daher muss man ihn dort mitführen, wo wir nicht natürlich atmen können, etwa im Weltall oder unter Wasser. Luft oder Sauerstoff kann man in Stahlflaschen unter Druck speichern. Zum Atmen wird das Gas dann mit Schläuchen zum Mund gebracht. Dazu ist ein Druckminderer nötig: ein Gerät, das den Druck reduziert, damit man wie gewohnt atmen kann. Auch im Bereich der Medizin kommen Sauerstoffflaschen zum Einsatz.

ATMEN IM WELTALL

In der Lebenserhaltungseinheit auf dem Rücken tragen Astronauten eine Sauerstoffflasche, die mit dem Helm verbunden ist. Luft auf der Erde hat nur 21 % Sauerstoff, der Rest ist überwiegend Stickstoff. Der Raumanzug wird dagegen mit fast 100 % Sauerstoff gefüllt.

DIE LUNGE

Menschen erhalten Sauerstoff aus der Luft, die sie einatmen und in die Lunge leiten. Dort geht der Sauerstoff ins Blut über, das ihn im ganzen Körper verteilt. Ein Abfallprodukt, das Gas Kohlendioxid, wird in der Lunge vom Blut in die Luft abgegeben und beim Ausatmen ausgestoßen.

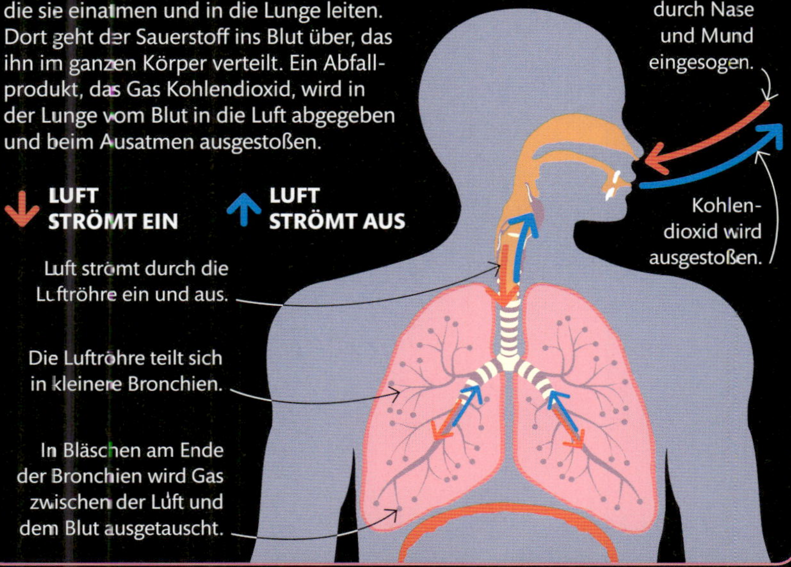

Der Ölunfall verschmutzte 2100 Kilometer Küste. Die Reinigung dauerte 3 Jahre.

Reinigungsaktion

1989 lief der Öltanker *Exxon Valdez* vor der Küste Alaskas auf ein Riff auf und verlor im Pazifischen Ozean über 41 Mio. Liter Öl. Bei der Reinigung wurden Skimmer eingesetzt, um den Ölfilm auf der Wasseroberfläche zu entfernen. Sie bestanden aus Seilen, die über das Wasser gezogen wurden und an denen das Öl haftete. Dann wurden sie an Bord gezogen und das Öl ausgepresst. Trotz des sorgfältigen Abschöpfens blieb etwas Öl im Wasser. Es schadete dem Tierleben und verschmutzte das Meer noch jahrzehntelang.

ÖLSCHÄDEN BEKÄMPFEN

ÖLSKIMMER

Ölverschmutzungen durch Tanker oder Förderplattformen muss man möglichst schnell aus dem Meer oder anderen Gewässern entfernen, weil sich der Ölfilm auf dem Wasser leicht ausbreitet. Öl ist eine Brandgefahr und kann das Trinkwasser verschmutzen. Man beseitigt Ölfilme mit Skimmern (von engl. *skim*, „abschöpfen"), die das Öl, das auf der Oberfläche treibt, einsammeln. Skimmer sind lange Seile aus einem Material, an dem das Öl haften bleibt. Einige entfernen das Öl nur aus dem Wasser, andere sammeln es, sodass es wiederverwendet werden kann.

UMWELTSCHÄDEN

Öl klebt an den Federn, dem Fell oder der Haut von Seevögeln und anderen Meerestieren, was sie beim Schwimmen, Fliegen oder Fressen behindert. Es vergiftet auch ihre Nahrung. Die Giftstoffe gelangen in die Nahrungskette und bleiben lange erhalten.

DICHTE

Skimmer funktionieren, weil Öl weniger dicht ist als Wasser, sodass es eine eigene Schicht – einen Ölfilm – auf der Wasseroberfläche bildet. Die Dichte eines Stoffs ist ein Maß dafür, wie viel Masse in den Raum gepackt ist, den er einnimmt. Die Teilchen im Wasser haben im gleichen Volumen mehr Masse als die im Öl, sodass Wasser dichter ist Öl. Verschieden dichte Flüssigkeiten bilden oft getrennte Schichten, wenn man sie mischen will.

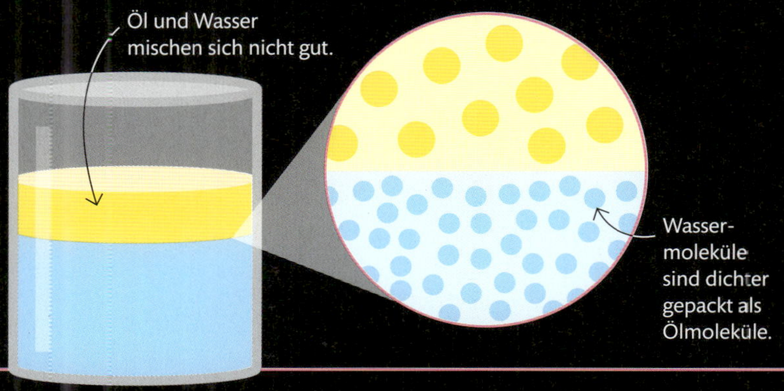

LEBENSRÄUME ERFORSCHEN

BIOMKUPPELN

Auf der Erdoberfläche gibt es viele Lebensräume, von trockenen Wüsten bis zu üppigen Wäldern. Regionen mit einer bestimmten Umwelt, an die sich typische Pflanzen und Tiere angepasst haben, nennt man Biome. Um Lebewesen verschiedener Biomen zu studieren, haben Forscher künstliche Biome geschaffen. Zum Eden-Projekt in Cornwall (Großbritannien) zählen Biome unter geschlossenen Kuppeln. Hier will man bedrohte Pflanzen erhalten und auf Umweltthemen aufmerksam machen.

ÖKO-EXPERIMENT

Biosphere 2 in Arizona (USA) war Schauplatz eines Experiments. Ziel war es, ein abgeschlossenes Ökosystem mit sieben Biomen zu schaffen, das man auch im Weltall nachbauen könnte. Menschen, Pflanzen und Tiere lebten dort zwei Jahre lang, aber ein stabiles Ökosystem entstand dabei nicht.

BIOME

An Land gibt es vier Hauptzonen, hier in einer Pyramide dargestellt: von heißen tropischen Regionen bis zur kalten Arktis. Faktoren wie Niederschläge, Luftfeuchtigkeit, Temperatur und Höhenlage beeinflussen die einzelnen Lebensräume in ihnen.

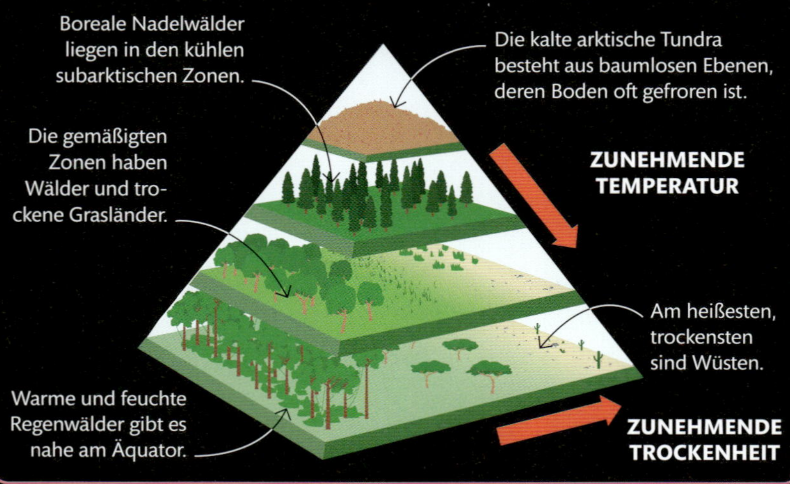

Überdachter Dschungel

Mit über 1000 Pflanzen imitiert das gewaltige, temperaturkontrollierte Regenwald-Biom des Eden-Projekts vier verschiedene Zonen und die Verhältnisse dort: tropische Inseln, Südostasien, Westafrika und das tropische Südamerika.

Mit 16 000 Quadratmetern ist das Regenwald-Biom der weltweit größte Regenwald in einem Gewächshaus.

BIOM-BLASEN
Die blasenförmigen Gewächshäuser des Eden-Projekts stehen in einer riesigen Tongrube. Sie bestehen aus Stahlträgern, die mit einem leichten, aber robusten Plastik bedeckt sind, das Licht einfallen lässt, aber Wärme und Feuchtigkeit speichert. Beim Bau wurden überwiegend nachhaltige oder recycelte Materialien genutzt.

KORALLENBLEICHE

Riffbildende Korallen sind Meerestiere, die an einem gesteinsartigen Skelett Kolonien bilden. Auf ihnen leben Algen, die ihnen auch ihre Farbe geben. Wird das Wasser zu warm, können die Algen sterben. Die Korallen bleichen (werden weiß) und sterben ebenfalls. Großräumige Korallenbleichen durch die Erderwärmung bedrohen viele Korallenriffe.

Bisher wurden auf der ganzen Welt an die 500 Biorockstrukturen errichtet.

Künstliches Riff
Dieses käfigartige Metallgerüst im Indischen Ozean vor Indonesien ist mit Kalziumkarbonat bedeckt, das gefährdete Korallen, etwa Geweihkorallen, zum Wachsen anregt. So wird das einst dichte Korallenriff erneut mit Leben gefüllt.

RIFFE NEU AUFBAUEN

BIOROCKS

Eines der vielfältigsten Ökosysteme der Welt sind Korallenriffe. In ihnen lebt etwa ein Viertel der Fischarten der Meere. Doch in den letzten Jahrzehnten haben Wasserverschmutzung, Krankheiten und Klimawandel viele Korallen geschwächt oder getötet, sodass Riffe heute stark gefährdet sind. Daher haben Forscher Biorocks entwickelt: eine Methode zur Wiederherstellung von Riffen, die in den 1980ern in Jamaika entstand. Sie fördert das Korallenwachstum mithilfe der Elektrolyse.

ELEKTROLYSE

Biorocks nutzen eine Methode, die man Elektrolyse nennt: Die Trennung von gelösten Substanzen durch Stromfluss. Zwei Metallstücke, die Elektroden, werden in die Lösung gehalten und mit einer Stromquelle verbunden. Wenn der Strom fließt, werden negativ geladene Atome oder Moleküle (die man Ionen nennt) zur positiv geladenen Elektrode (Anode) gezogen, und die positiven Ionen sammeln sich an der negativen Elektrode (Kathode).

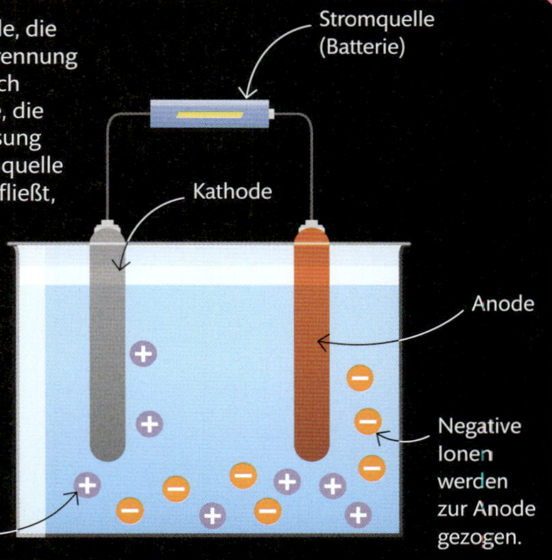

Wie Biorocks gebildet werden

In einem Riff aus Biorocks werden Fragmente lebender Korallen an einem Metallgerüst befestigt. Wenn es mit einer Stromquelle verbunden wird, wird es zur Kathode und die Elektrolyse beginnt. Die Elektrolyse löst chemische Reaktionen im Wasser um das Gerüst aus, bei denen sich Kalziumionen und Karbonationen, die im Wasser gelöst sind, zu dem Mineral Kalziumkarbonat (Kalk) verbinden. Die Korallen nutzen das Mineral für den Skelettbau.

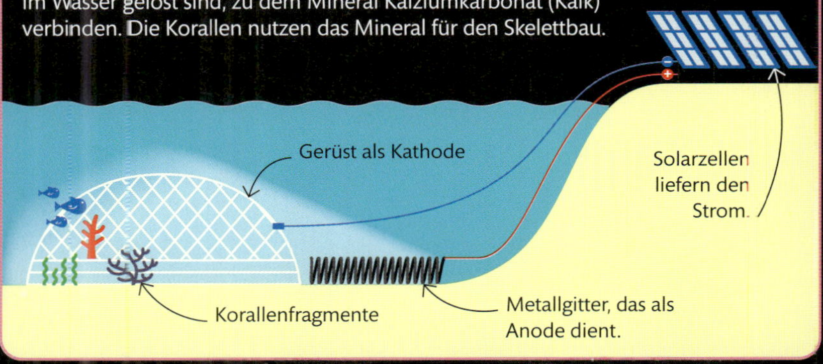

Schutz der Tangwälder

Ein Adlerrochen schwimmt im Riesentangwald im Meeresschutzgebiet der kalifornischen Kanalinseln. Wälder aus Riesentang (einer Braunalge) sind ebenso wie Korallenriffe ein wichtiger Lebensraum, für dessen Rettung Forscher weltweit kämpfen.

Flammen löschen

Ein Löschflugzeug versprüht Flammschutzmittel über einem Areal nahe Colfax in Kalifornien (USA), das von einem sich ausbreitenden Waldbrand bedroht ist. Zwar sieht das Mittel beim Versprühen in der Luft wie Pulver aus, es ist aber eine Flüssigkeit. Es enthält Verdickungsmittel, damit es besser haftet, und einen kräftigen Farbstoff, damit man sieht, wo es landet.

Eine Substanz namens Eisenoxid färbt das Flammschutzmittel intensiv rot, damit der Pilot sieht, wo er das Mittel bereits versprüht hat.

FEUERLÖSCHER

Kleinere Feuer kann man mit einem Feuerlöscher stoppen. Er funktioniert wie eine Sprühdose und sprüht Löschmittel direkt ins Feuer. Einige enthalten Wasser, das dem Feuer Wärme entzieht, andere Kohlendioxid oder Flammschutzmittel. Von der Art des Brandherds hängt ab, welches Löschmittel geeignet ist.

Der Tank des größten Löschflugzeugs fasst bis zu 91 000 Liter Flammschutzmittel – so viel wie etwa 300 Badewannen.

WALDBRÄNDE EINDÄMMEN

FLAMMSCHUTZ

Zwar können Waldbrände ein Teil des natürlichen Kreislaufs im Wald sein, aber viele Brände werden heute von Menschen verursacht und sind gefährlich für Tiere und Umwelt. Um ihre Ausbreitung zu verlangsamen, werden aus großer Höhe Flammschutzmittel versprüht. Sie beschichten durch eine chemische Reaktion Bäume und andere Pflanzen mit Kohle. Dadurch wird der Brennstoff unzugänglich, ohne den ein Feuer nicht brennen kann.

VERBRENNUNGSDREIECK

Für eine Verbrennung müssen drei Bedingungen erfüllt sein: Es braucht brennbaren Stoff, Wärme und Sauerstoff. Wenn eines davon fehlt, kann das Feuer nicht weiter brennen.

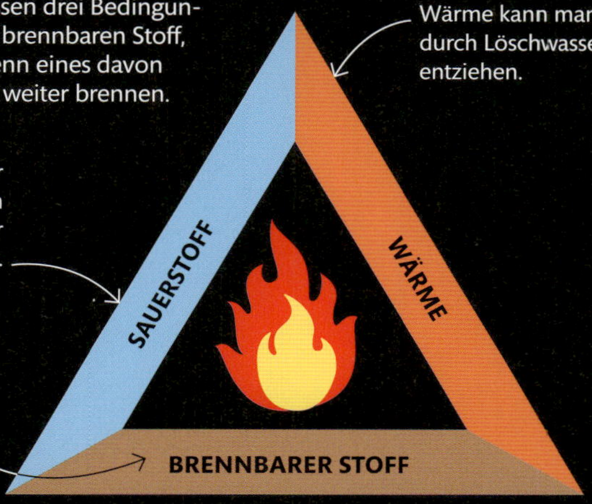

Wie Flammschutzmittel eingesetzt wird

Um einen Waldbrand erfolgreich zu bekämpfen, muss man das Flammschutzmittel auf die Vegetation sprühen, bevor das Feuer sie erreicht. Substanzen in dem Mittel reagieren mit einem Stoff in den Pflanzen, der Zellulose. Wenn das Feuer die Pflanze erreicht, zersetzt die Hitze die Produkte dieser Reaktion zu Pflanzenkohle, einer Form von Kohlenstoff. Sie verhindert, dass das Feuer auf die Pflanze übergreift, nimmt ihm so den Brennstoff und stoppt die Ausbreitung.

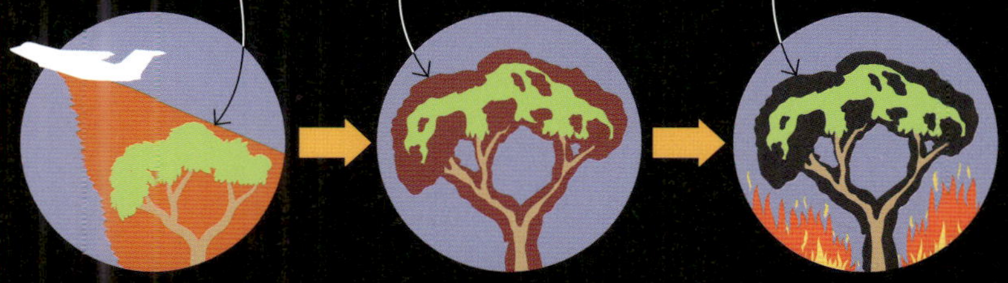

CO_2-ABSCHEIDUNG
Kohlekraftwerke wie dieses in Texas (USA) kann man mit Filtern ausstatten, die die Kohlendioxidemissionen reduzieren. Das Gas wird gesammelt, komprimiert und weggepumpt, um es z.B. unterirdisch zu speichern. Forscher arbeiten auch an Methoden, Kohlendioxid direkt aus der Luft zu entfernen.

Eine Initiative hat zum Ziel, bis 2030 eine Fläche von 490 Millionen Fußballfeldern aufzuforsten.

Wunderbare Mangroven

Ehrenamtliche Helfer pflanzen in Indonesien junge Mangrovenbäume. Mangrovenwälder nehmen nicht nur CO_2 aus der Luft auf, sie schützen auch die Küste vor Erosion und Überschwemmungen und sie sind ein wichtiger Lebensraum für Tiere.

EMISSIONS-KONTROLLE

CO_2-ABSCHEIDUNG

Kohlendioxid (CO_2) ist ein Treibhausgas – eines der Gase, dessen Anwesenheit in der Atmosphäre unseren Planeten erwärmt. Menschliche Aktivitäten wie das Verbrennen fossiler Brennstoffe erhöhen den Gehalt an CO_2, sodass die globalen Temperaturen steigen. Wissenschaftler erforschen verschiedene Möglichkeiten, den CO_2-Gehalt zu senken, etwa durch das Pflanzen von Bäumen, die durch Fotosynthese CO_2 aus der Atmosphäre entfernen.

ERDERHITZUNG

Messungen zeigen, dass die Oberflächentemperatur der Erde pro Jahrzehnt um etwa 0,2 °C steigt. Das hat viele Folgen für das Klima der Erde, etwa das Abschmelzen des Eises in der Arktis und der Antarktis, das zum Anstieg des Meeresspiegels beiträgt.

DER TREIBHAUSEFFEKT

Die Erde wird durch Sonnenstrahlung erwärmt, da Sonnenlicht durch die Atmosphäre hindurchgeht. Der erwärmte Boden strahlt Wärme ab, die teils ins Weltall entweicht, teils aber von Gasen in der Luft zurückgehalten wird, ähnlich wie ein Treibhaus Wärme festhält. Dieser Treibhauseffekt ist wichtig für das Leben auf der Erde, aber wenn die Luft zu viel Kohlendioxid enthält, wird zu viel Wärme gehalten und der Planet erwärmt sich.

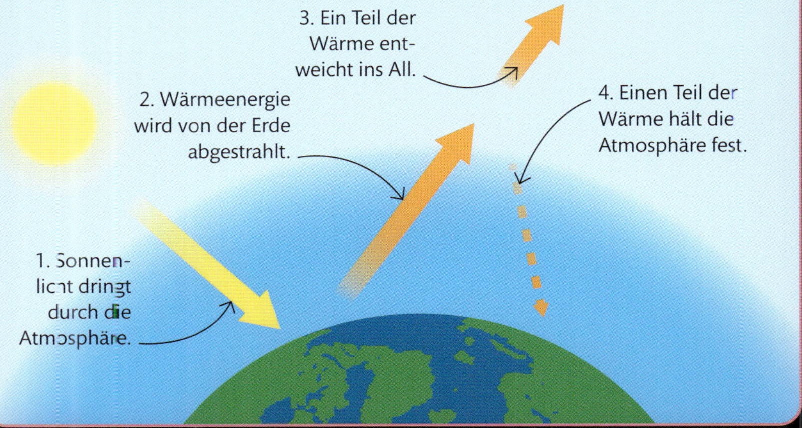

5

LERNEN UND ENTDECKEN

Die Wissenschaft soll helfen, die Welt besser zu verstehen. Wir fliegen Flugzeuge in Wirbelstürme, um das Wetter besser vorhersagen zu können, tauchen in die Meere und steigen in Vulkane. Teleskope und Mikroskope zeigen uns Dinge, die zu weit weg oder zu klein für unsere Augen sind. Mit wissenschaftlichen Verfahren beobachten wir Tiere in der Natur und sehen sogar, was im Gehirn vorgeht.

Winziges Tauchboot
Zwei kleine Tauchboote mit je zwei Insassen erkunden ein Schiffswrack vor den Bahamas. Dieses Tauchbootmodell kann bis zu 1000 m tief tauchen und wird von zwei Batterien angetrieben, die bis zu 12 Stunden Strom liefern.

IN DIE TIEFE TAUCHEN

UNTERSEEBOOTE

Um die weiten Tiefen der Meere zu erforschen, haben Menschen spezielle Unterseeboote (U-Boote) erfunden, mit denen sie in diese extremen Regionen vordringen können. Wegen des Wasserdrucks sind sie aus besonders hartem Material gebaut. Tauchboote sind kleine U-Boote, oft mit gewölbten Konturen, um dem hohen Druck in größerer Tiefe standzuhalten, während große U-Boote stromlinienförmige Rümpfe

Die größte Tiefe, die je mit einem Tauchboot erreicht wurde, lag bei fast 11 000 Metern.

U-BOOTE

U-Boote sind größer und leistungsfähiger als Tauchboote und können monatelang unter Wasser bleiben. Sie haben genug Luft und Nahrung für eine große Besatzung an Bord. Die meisten U-Boote dienen militärischen Zwecken, es gibt aber auch solche, die zur Erkundung und Erforschung der Meere oder bei der Bergung von Schiffswracks eingesetzt werden.

WASSERDRUCK

Druck ist ein Maß dafür, wie viel Kraft auf eine Fläche wirkt. Das Gewicht der Luft drückt auf Oberflächen, und das Gewicht des Wassers drückt auf untergetauchte Gegenstände. Druck misst man oft in der Einheit Bar. Der Luftdruck auf Meereshöhe beträgt normgemäß 1 bar. Je tiefer man taucht, desto größer wird der Druck, weil immer mehr Wasser über dem Taucher auf ihn drückt. Für je 10 m Tiefe steigt der Druck um 1 bar. U-Boote für große Tiefen müssen daher sehr stabil sein.

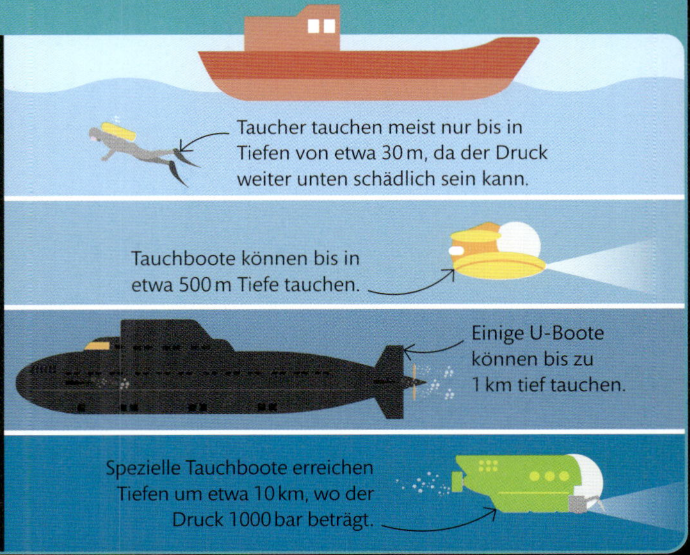

In den Krater

Im Inselgebiet von Vanuatu seilt ein Forscher sich in einen aktiven Vulkan ab. Wenn man in eine solch extreme Umgebung vordringt, muss man einen Hitzeschutzanzug, einen Helm und ein Atemschutzgerät gegen die giftigen Gase tragen.

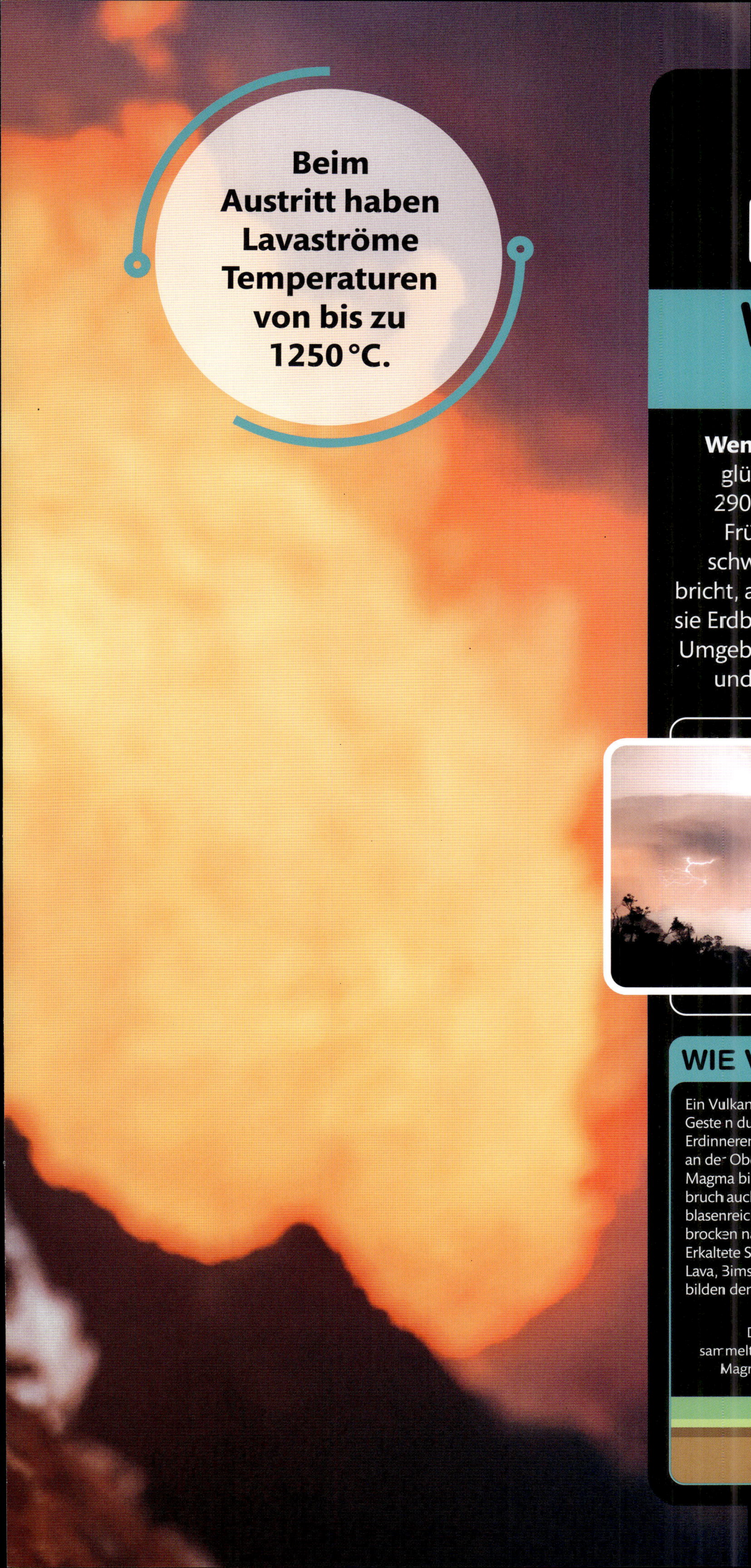

IM INNEREN DES VULKANS

VULKANAUSBRÜCHE VORHERSAGEN

Wenn Vulkane ausbrechen, spucken sie heiße Asche, glühende Lava und giftige Gase aus. 2019 lebten über 290 Millionen Menschen in der Nähe aktiver Vulkane. Frühwarnsysteme sind für sie sehr wichtig. Zwar ist es schwierig, genau vorherzusagen, wann ein Vulkan ausbricht, aber Vulkanologen suchen nach Hinweisen, indem sie Erdbeben in Vulkangebieten messen, Vulkane und ihre Umgebung mit Satelliten aus dem Weltraum überwachen und sogar in Vulkane klettern, um Proben zu nehmen.

VULKANISMUS

Es gibt erloschene Vulkane (die wahrscheinlich nie wieder ausbrechen), tätige oder aktive Vulkane (die immer wieder ausbrechen) und ruhende oder inaktive Vulkane (die seit langem nicht ausgebrochen sind). Der Vulkan Chaitén in Chile hatte über 350 Jahre geruht, bevor er 2008 ausbrach.

WIE VULKANE ENTSTEHEN

Ein Vulkan entsteht, wo geschmolzenes Gestein durch die Erdkruste bricht. Im Erdinneren nennt man es Magma, an der Oberfläche Lava. Magma bildet beim Ausbruch auch Asche und blasenreiche Gesteinsbrocken namens Bims. Erkaltete Schichten aus Lava, Bims und Asche bilden den Vulkankegel.

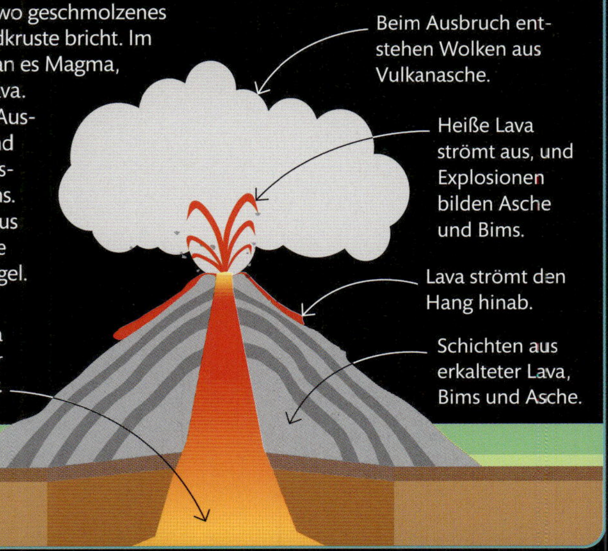

STÜRME STUDIEREN

WETTERFLUGZEUGE

Wissenschaftler erheben und analysieren Daten, um das Verhalten vieler Wettererscheinungen vorherzusagen, etwa von tropischen Wirbelstürmen (Hurrikanen, Zyklonen und Taifunen). Die NOAA (Nationale Ozean- und Atmosphärenbehörde der USA) hat speziell ausgestattete Flugzeuge, mit denen man in Wirbelstürme hineinfliegen und Daten sammeln kann, um sie besser zu verstehen. Die beiden größten NOAA-Flugzeuge, Hurrikanjäger genannt, sind fliegende Labors mit Radarsystemen, die den Sturm durchleuchten und der Crew an Bord Daten in Echtzeit liefern.

FALLSONDEN

Wenn die Hurrikanjäger durch einen Wirbelsturm fliegen, lassen sie kleine Kapseln fallen, die man Fallsonden nennt. Sie sind mit Sensoren vollgepackt, die Luftdruck, Temperatur, Luftfeuchte und Windrichtung messen und die Daten ans Flugzeug zurücksenden.

TROPISCHE WIRBELSTÜRME

Tropische Wirbelstürme, die man je nach Region Hurrikane, Taifune oder Zyklone nennt, sind riesige rotierende Stürme mit Wind, Regen und Wolken. Sie entstehen über tropischen Meeren, wo warme, feuchte Luft aufsteigt und ein Tiefdruckgebiet (kurz: Tief) bildet. Die Luft der Umgebung strömt spiralförmig in das Tief hinein, steigt auf und bildet Bänder von Regenwolken, die von heftigen Winden herumgewirbelt werden.

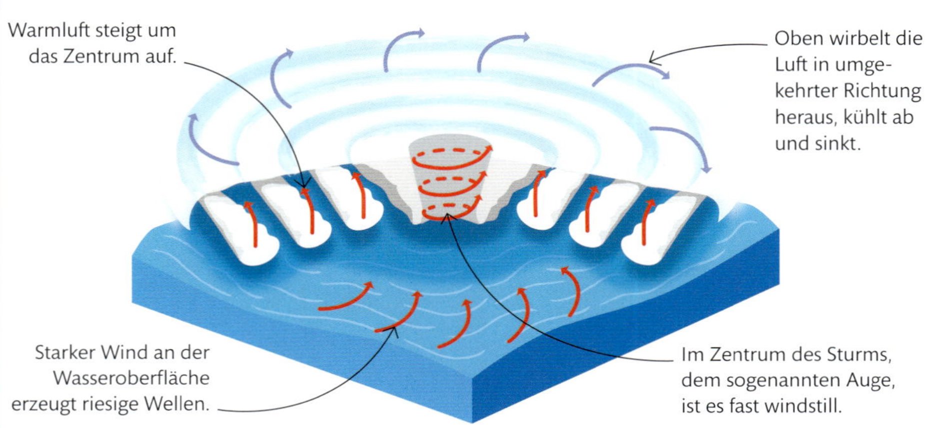

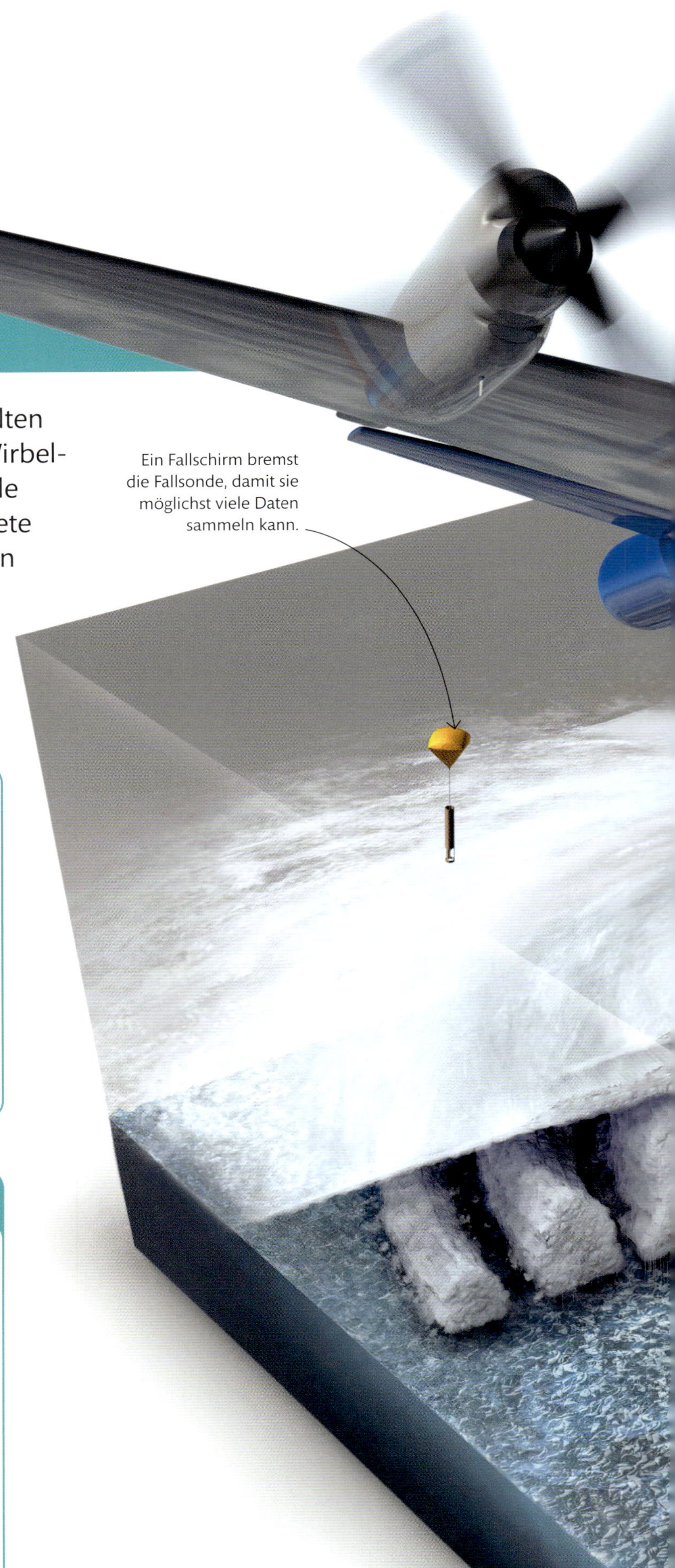

Im Auge des Sturms
Die beiden Hurrikanjäger sind Propellerflugzeuge vom Typ Lockheed WP-3D Orion. Sie durchkreuzen den Sturm mehrere Male, um Daten über die sich laufend verändernden Wind- und Luftdruckverhältnisse zu sammeln. Eine Mission kann bis zu zehn Stunden dauern.

Die Hurrikanjäger können bis in Höhen von etwa 3000 Metern fliegen.

Schiffswrack unter Wasser
Dieses Digitalbild von einem Wrack vor der Küste von Virginia (USA) wurde mit einem Sonargerät erstellt, das von einem Schiff hinter sich durchs Meer gezogen wurde. Das Wrack liegt in 40 bis 50 m Tiefe in trübem Wasser, ist aber im Sonarbild genau erkennbar.

SEHEN MIT SCHALL

SONAR

Sonar oder Echolot ist eine Technik, um mit Schallwellen Objekte zu erkennen. Das Wort steht für *Sound Navigation and Ranging* (engl. für „Schallnavigation und -entfernungsmessung"). Ein Sender erzeugt Schallwellen, die von Objekten der Umgebung reflektiert werden, und ein Empfänger nimmt dieses Echo auf. Damit misst man die Entfernung der Objekte und Computer können sogar ihre Form berechnen. Sonar wird oft unter Wasser benutzt, wo sich Schall weit ausbreitet, etwa um den Meeresboden zu kartieren oder um Hindernisse zu umfahren.

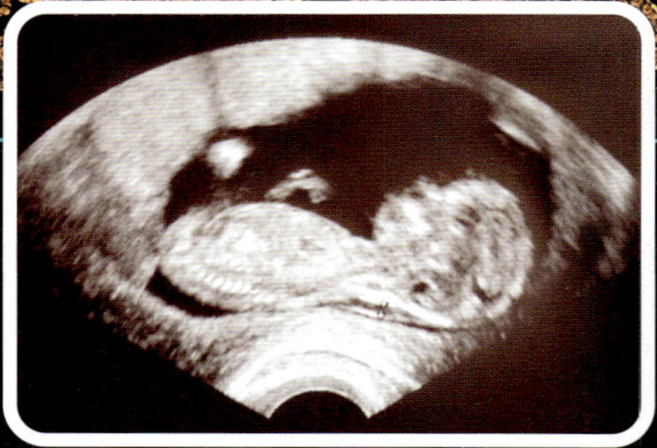

ULTRASCHALLBILD
Sehr hohe Töne (zu hoch, um sie zu hören), die man Ultraschall nennt, werden in der Medizin verwendet. Die Ultraschalluntersuchung (Sonografie) funktioniert ähnlich wie Sonar. Die Schallwellen werden von Strukturen im Körper reflektiert, und daraus lassen sich Ultraschallbilder (Sonogramme) erzeugen. Mit diesem Verfahren überwacht man z. B. die Entwicklung ungeborener Babys.

Fledermäuse und Delfine nutzen Echolokation (eine natürliche Form des Sonars) zur Orientierung.

SCHALLWELLEN

Schall wird durch schwingende Gegenstände erzeugt. Die Schwingungen wandern als Wellen durch Feststoffe, Flüssigkeiten und Gase. Große Schwingungen erzeugen laute Töne, und schnelle Schwingungen führen zu höheren Tönen als langsame Schwingungen.

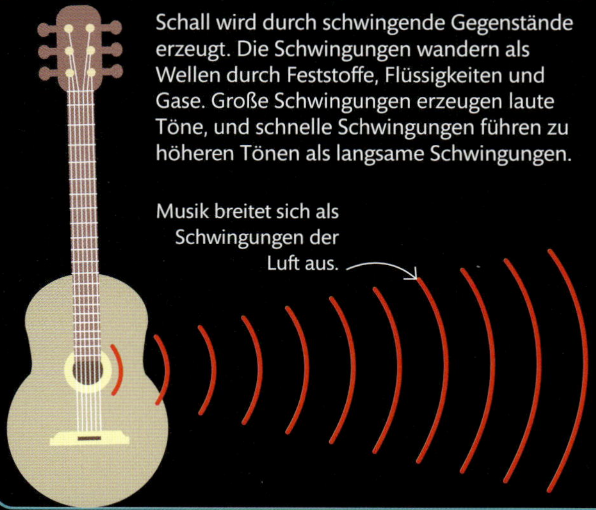

Wie Sonar funktioniert

Ähnlich wie Lichtwellen (siehe S. 70) werden auch Schallwellen von Oberflächen reflektiert. Die Entfernung zu dem reflektierenden Objekt berechnet man aus der Schallgeschwindigkeit im Wasser und der Zeit, die ein Schallimpuls zum Objekt und wieder zurück zum Schiff braucht.

HINWEISE AUF DAS KLIMA

EISBOHRKERNE

Wenn ein Gletscher oder Eisschild über lange Zeit anwächst, werden die Gase der Luft in winzigen Blasen im Eis gefangen. Auf diese Weise ist das Klima der Vergangenheit im Eis dokumentiert. Experten bohren tief in das Eis hinein und entnehmen lange, zylinderförmige Proben. Dann analysieren sie die Bohrkerne. So finden sie heraus, welche Gase zu verschiedenen Zeiten der Erdgeschichte in der Atmosphäre vorhanden waren. Das zeigt, wie sich der Gehalt an Treibhausgasen, die Wärme festhalten, und das Klima verändert haben.

1 Bohren ins Eis
In der eiskalten Antarktis schneiden die Forscher mit einem Spezialbohrer einen zylindrischen Eisblock aus dem Eisschild. Das älteste Eis findet sich im Zentrum des Eisschilds. Die Bohrung wird daher in weiter Entfernung von der Küste und den Forschungsstationen vorgenommen.

GASE DER ERDATMOSPHÄRE

Die Atmosphäre besteht vor allem aus Stickstoff und Sauerstoff mit kleinen Anteilen anderer Gase, die man Spurengase nennt, wie Helium, Ozon und Kohlendioxid (einem Treibhausgas). Aber das Verhältnis dieser Gase hat sich im Lauf der Zeit verändert. Forscher zählen die Schichten im Eisbohrkern (ähnlich wie Baumringe), um ihr Alter zu bestimmen. So wissen wir, dass der Gehalt an Kohlendioxid seit der industriellen Revolution ab etwa 1760 stetig gestiegen ist.

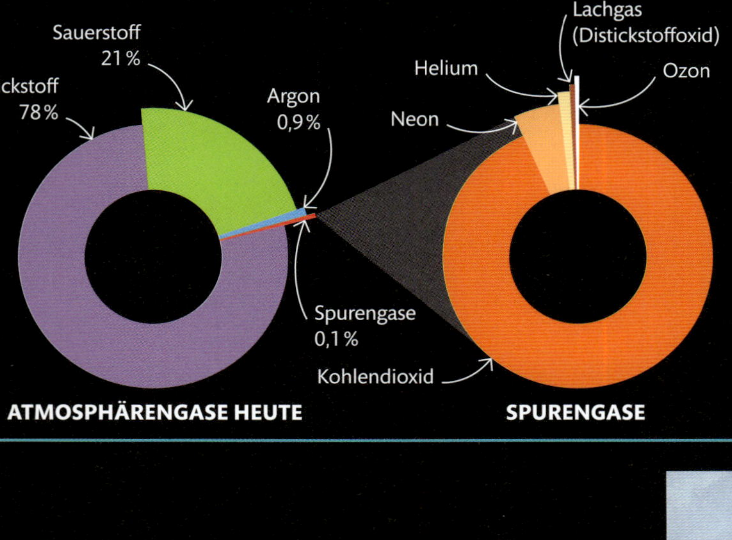

Das älteste Eis in einem Bohrkern ist fast 2 Millionen Jahre alt und stammt aus der Antarktis.

2 Vorbereitung des Eisbohrkerns
Der Eisblock wird sorgfältig aus dem Bohrer entfernt und für Untersuchungen vorbereitet. Eisbohrkerne muss man unter -18 °C halten, damit die Gase in den Luftblasen nicht entweichen. Die Bohrkerne werden in einer mobilen Gefriertruhe transportiert.

3 Lagerung
Die Bohrkerne, die bei Tiefbohrungen kilometerlang sein können, werden in kleine, 1 m lange Abschnitte geteilt und bei -36 °C gelagert. Dieses Labor in Colorado (USA) lagert Bohrkerne von insgesamt 19 km Länge.

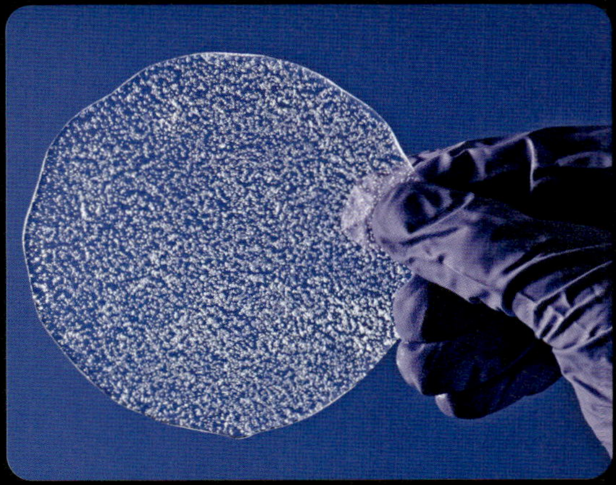

4 Probenanalyse
Forscher schneiden den Bohrkern in dünne Scheiben, um die gefangenen Luftblasen genau zu analysieren. Jede Scheibe ist eine Momentaufnahme von Atmosphäre und Klima zu einem bestimmten Zeitpunkt in der Vergangenheit und enthält auch Hinweise auf Vulkanausbrüche und Windmuster.

ATMOSPHÄREN-FORSCHUNG

WETTERBALLONS

Die Erde ist von einer Gasschicht umgeben, der Atmosphäre. Sie besteht vor allem aus Stickstoff und Sauerstoff mit kleinen Mengen anderer Gase. Die Atmosphäre ist wichtig für das Leben auf der Erde, weil sie schädliche Strahlung von der Sonne und aus dem All blockiert, Wärme zurückhält und Luftdruck erzeugt, der flüssiges Wasser auf der Oberfläche ermöglicht. Wenn wir die Atmosphäre verstehen, lernen wir etwas über Wetter, Luftverschmutzung, den Klimawandel und vieles mehr. Ein Weg, sie zu erforschen, sind Wetterballons, die wissenschaftliche Instrumente hoch in die Atmosphäre tragen und die erfassten Daten an die Forschenden senden.

DIE ERDATMOSPHÄRE

Die Atmosphäre hat sehr unterschiedliche Schichten, die vom Boden aus nach oben immer weniger dicht werden, bis die oberste Schicht in den Weltraum übergeht. Die unterste Schicht ist die Troposphäre, in der wir leben und atmen.

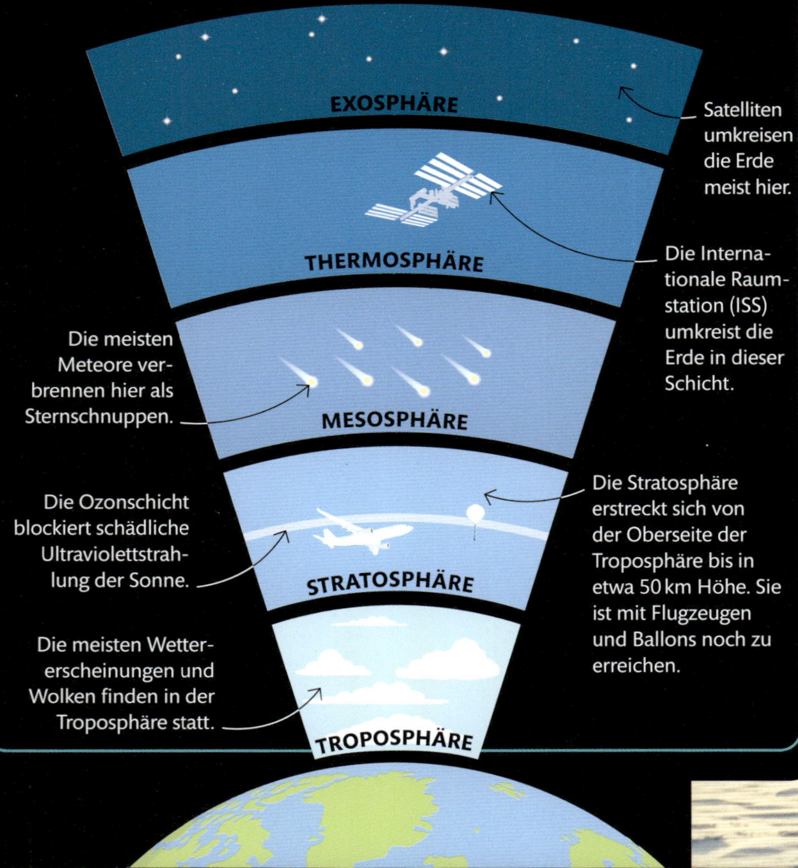

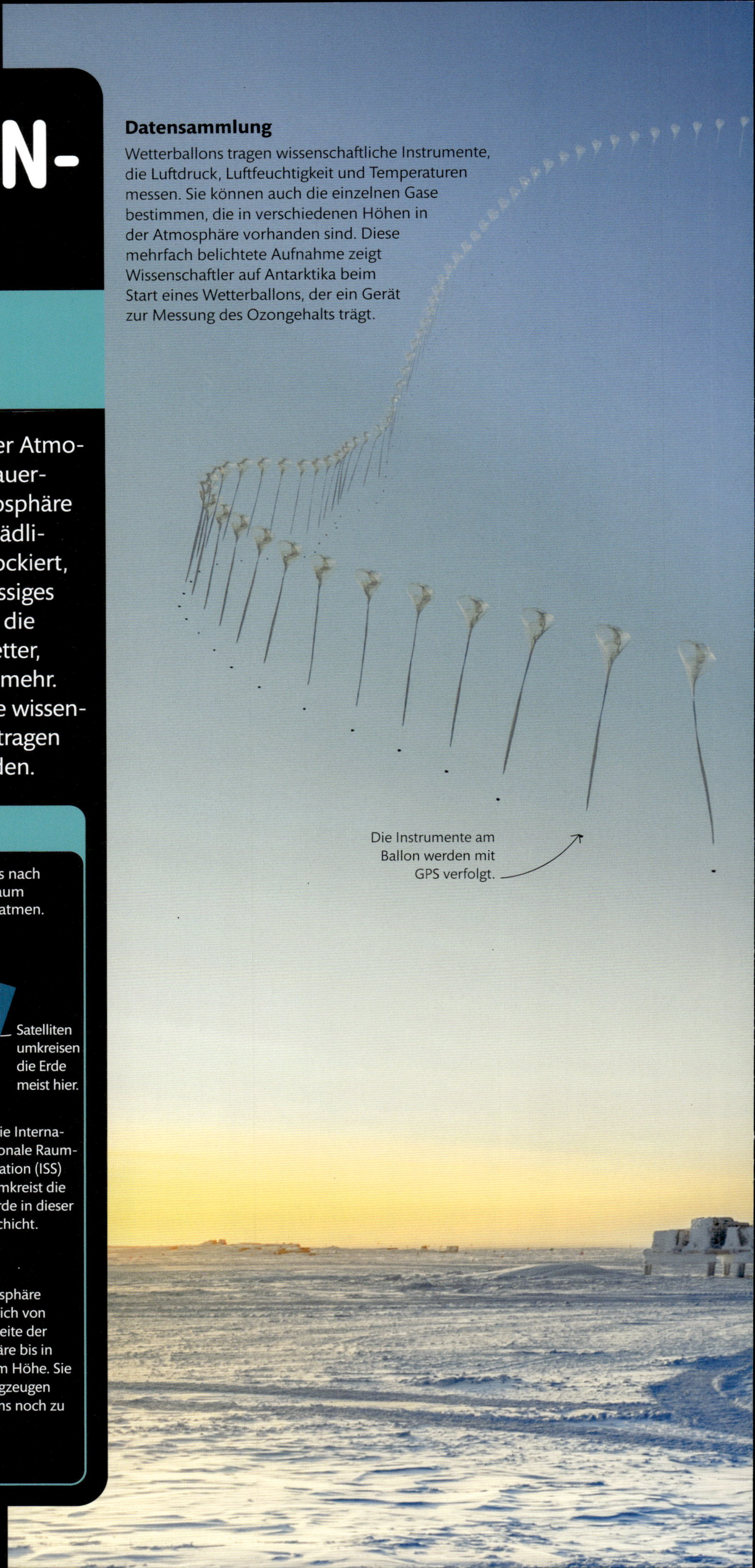

Datensammlung

Wetterballons tragen wissenschaftliche Instrumente, die Luftdruck, Luftfeuchtigkeit und Temperaturen messen. Sie können auch die einzelnen Gase bestimmen, die in verschiedenen Höhen in der Atmosphäre vorhanden sind. Diese mehrfach belichtete Aufnahme zeigt Wissenschaftler auf Antarktika beim Start eines Wetterballons, der ein Gerät zur Messung des Ozongehalts trägt.

Die Instrumente am Ballon werden mit GPS verfolgt.

Einige Ballons steigen in Höhen von über 52 Kilometer auf.

STÜRME BEOBACHTEN
Wetterballons können Windstärken und viele andere atmosphärische Daten messen. Diese Daten helfen bei der Frühwarnung vor Extremwetterereignissen wie diesem Tornado in Oklahoma (USA).

BLICK IN DEN HIMMEL

TELESKOPE

Seit Jahrtausenden beobachten Menschen den Himmel und studieren Objekte im All. Doch erst seit der Entwicklung von Teleskopen (Fernrohren) können wir tiefer ins Universum blicken und immer weiter entfernte Himmelskörper sehen. Ein Teleskop sammelt das Licht ferner Objekte, etwa von Kometen, Planeten oder Sternen, und bündelt es so, dass ein vergrößertes Bild entsteht. Es gibt verschiedene Bauformen: Spiegelteleskope, auch Reflektoren genannt, nutzen gekrümmte Spiegel zum Bündeln des Lichts, Linsenteleskope (Refraktoren) verwenden Linsen. Es gibt auch Teleskope für andere elektromagnetische Strahlung, etwa Radioteleskope.

TELESKOPSPIEGEL

Lichtstrahlen werden von Gegenständen reflektiert. Spiegel reflektieren fast alles Licht, das auf sie fällt, und gewölbte Spiegel kann man nutzen, um das Licht zu bündeln. Ein konkaver Spiegel ist wie eine Schale nach innen gewölbt, ein konvexer nach außen wie eine Kuppel.

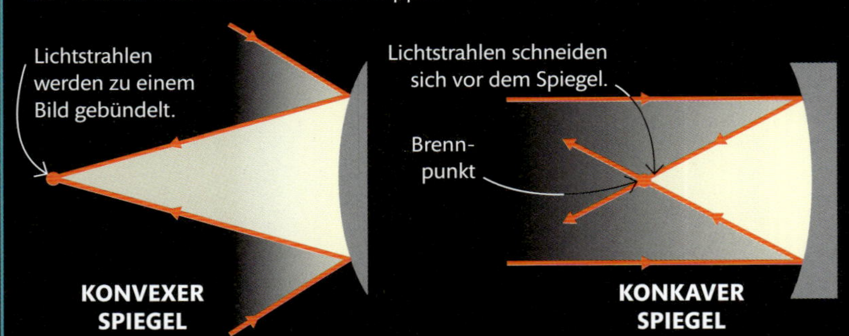

Wie Spiegelteleskope funktionieren

Ein Spiegelteleskop hat einen großen konkaven Haupt- oder Primärspiegel, der das Licht von einem fernen Objekt im Weltraum einfängt und es auf einen kleinen Spiegel, den Fang- oder Sekundärspiegel, bündelt. Der Fangspiegel lenkt dieses Licht dann in eine Kamera, die Bilder von dem Objekt aufnimmt.

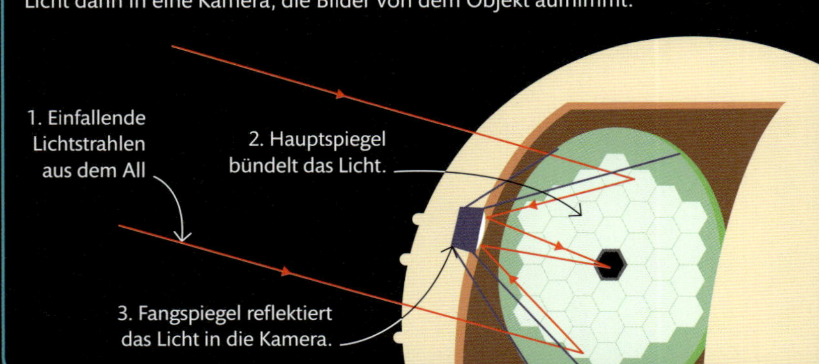

Auge in den Himmel

Das Gran Telescopio Canarias, das größte Spiegelteleskop der Welt, auf dem Gipfel eines erloschenen Vulkans auf den Kanarischen Inseln (Spanien) steht weit entfernt von aller Luftverschmutzung und den Lichtern der Städte. Es ermöglicht die Beobachtung feinster Details von Objekten im Weltraum. Der Hauptspiegel besteht aus 36 sechseckigen Segmenten, die zusammen wie ein einziger Riesenspiegel mit 14,4 m Durchmesser wirken.

Das Gran Telescopio Canarias nimmt Licht auf, das Millionen Jahre im Weltall unterwegs war.

SIGNALE AUS DEM ALL

Radioteleskope registrieren Radiowellen ferner Objekte wie Galaxien und Sterne. Das weltweit größte Einzelteleskop steht in Guizhou (China). Der große schalenförmige Reflektor besteht aus 4450 Paneelen, die sich gemeinsam bewegen, um das Teleskop auf ein Objekt auszurichten.

Sterngeburten

Die „Säulen der Schöpfung" im Adlernebel sind riesige fingerförmige Formationen aus Gas und Staub, in denen sich Bereiche zusammenziehen und zu neuen Sternen werden. Dieses Bild des Hubble-Weltraumteleskops zeigt junge Sterne in den Säulen.

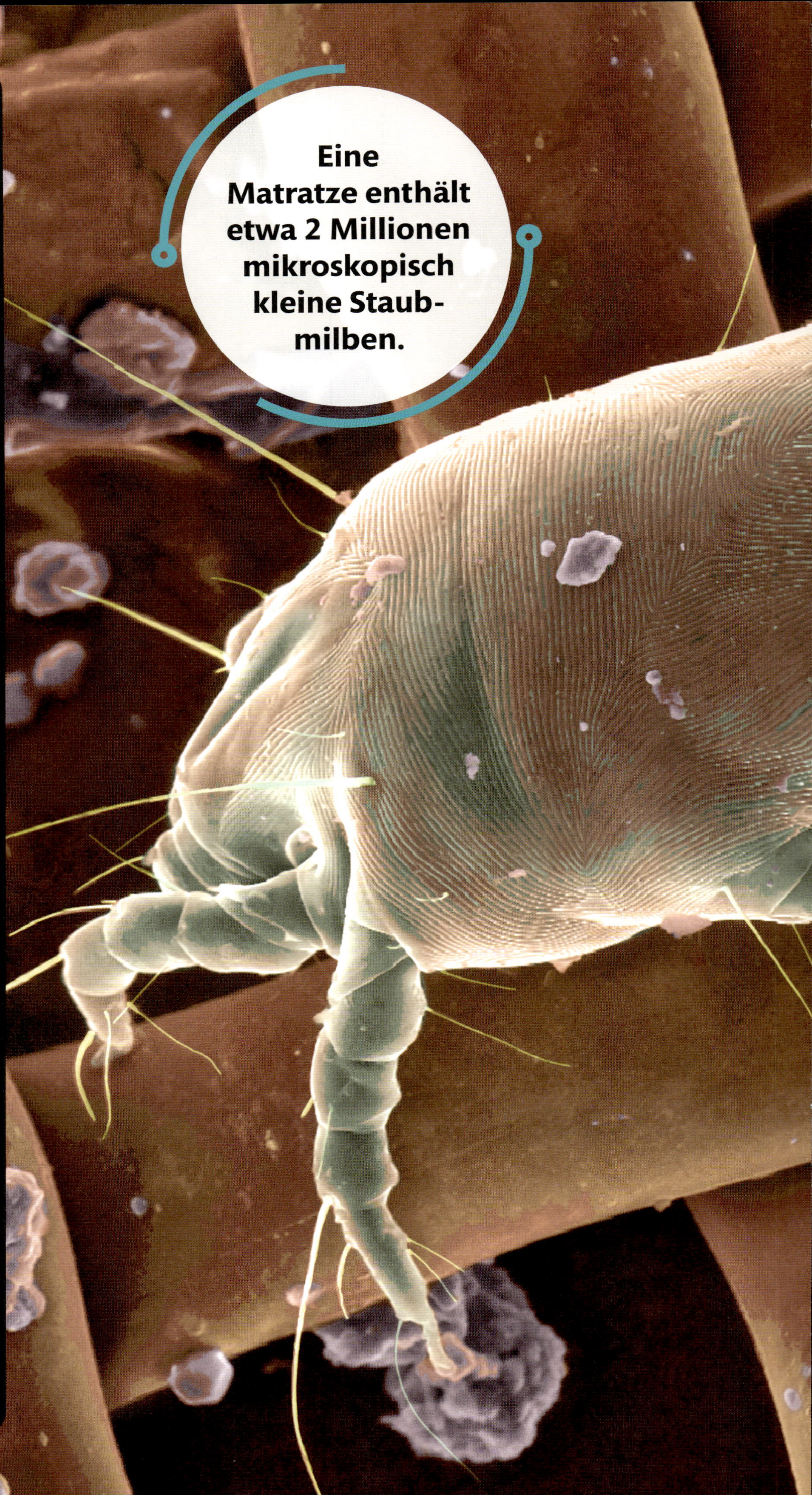

1 Auf der Oberfläche
Mit dem bloßen Auge sieht dieser Teppich unauffällig und sauber aus, aber ein Mikroskop zeigt eine verborgene Welt von Schmutz, Staub und seltsamen Tierchen, die unter unseren Füßen herumkrabbeln.

2 Aus der Nähe
Unter dem Mikroskop sieht man die einzelnen Fasern des Teppichs deutlich, aber auch winzige Staubkörnchen und einige mikroskopisch kleine Tiere. Diese Vergrößerung ist mit einem Lichtmikroskop möglich.

3 Das Unsichtbare sehen
Unter einem komplexeren Mikroskop werden winzige Staubmilben, entfernte Verwandte der Spinnen, sichtbar. Sie ernähren sich von den winzigen Schuppen toter Haut, die Menschen ständig abstoßen, und sind ein häufiger Auslöser von Allergien.

Eine Matratze enthält etwa 2 Millionen mikroskopisch kleine Staubmilben.

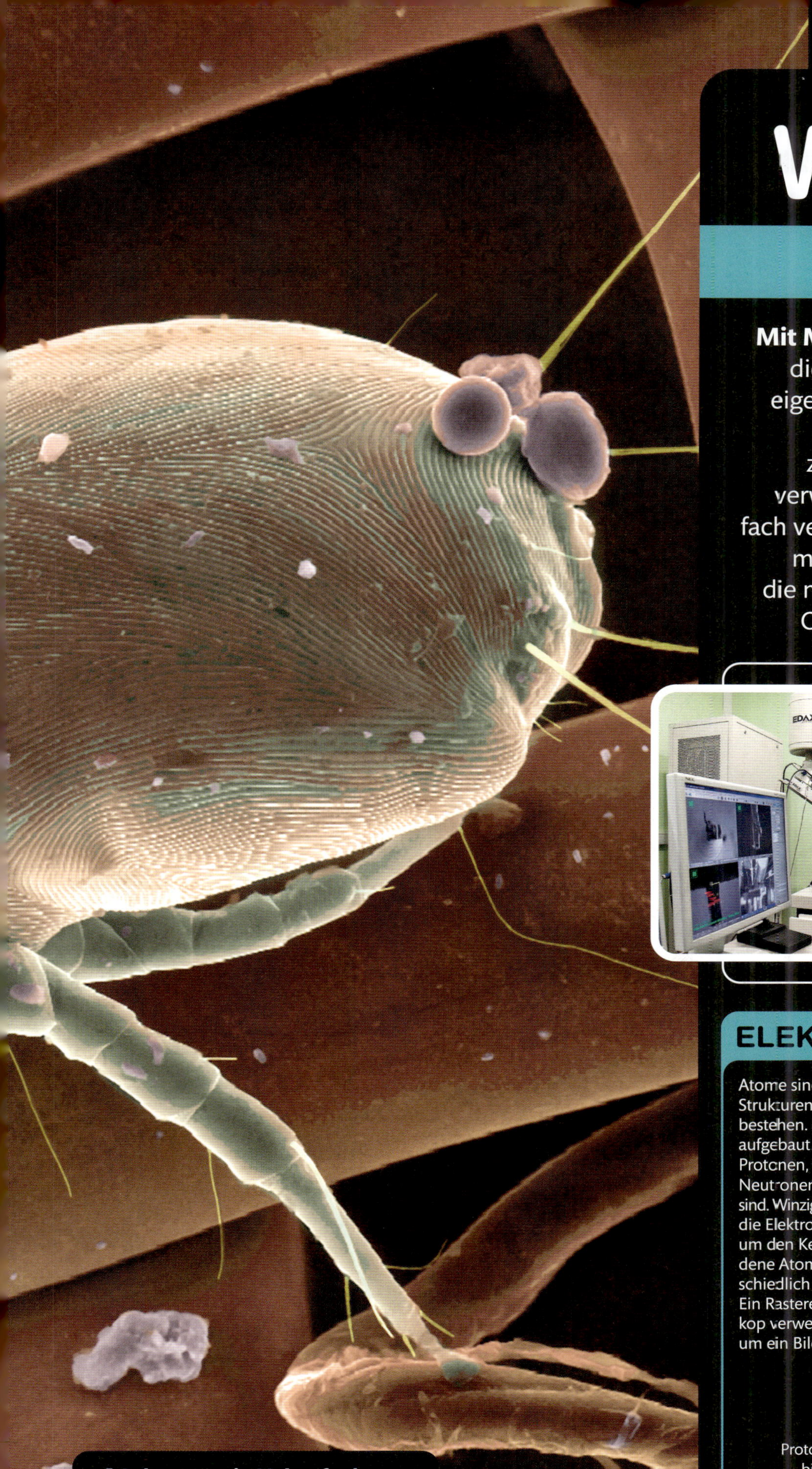

VERGRÖSSERN

MIKROSKOPE

Mit Mikroskopen studiert man seit Jahrhunderten die winzigsten Dinge der Welt – von Zellen unseres eigenen Körpers bis zu Mikroorganismen, die kleiner als ein Staubkorn sind. Verschiedene Mikroskope zeigen verschieden viele Details. Lichtmikroskope verwenden Linsen und können Objekte bis zu 1500-fach vergrößern. Die viel leistungsfähigeren Elektronenmikroskope verwenden Strahlen winziger Teilchen, die man Elektronen nennt. Diese Mikroskope können Objekte bis zu eine Million Mal vergrößert zeigen.

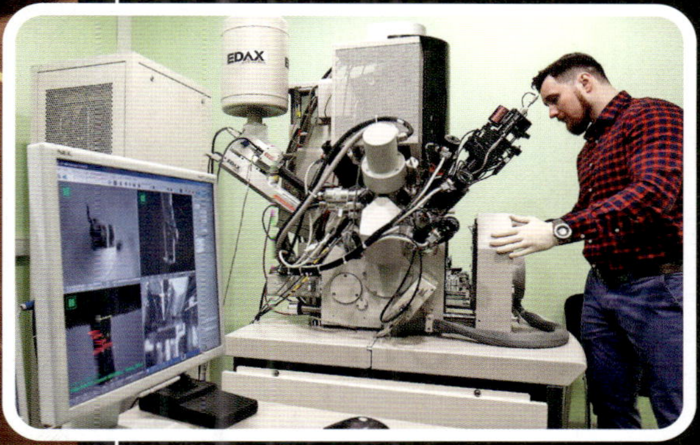

REM
In einem Labor in Russland schaut ein Forscher in ein Rasterelektronenmikroskop (REM). Mit einem REM kann man z. B. Bakterien studieren und Gesteinsproben bestimmen. Außerdem werden sie beim Bau von mikrotechnischen Bauteilen eingesetzt.

ELEKTRONEN

Atome sind die Bausteine des Universums: winzige Strukturen, aus denen alle Dinge um uns herum bestehen. Sie selbst sind aus drei kleineren Teilchen aufgebaut. Der Kern enthält zwei Teilchenarten: Protonen, die eine positive Ladung haben, und Neutronen, die neutral, also ohne Ladung, sind. Winzige negativ geladene Teilchen, die Elektronen, bilden eine Wolke um den Kern herum. Verschiedene Atome enthalten unterschiedlich viele dieser Teilchen. Ein Rasterelektronenmikroskop verwendet Elektronen, um ein Bild zu erzeugen.

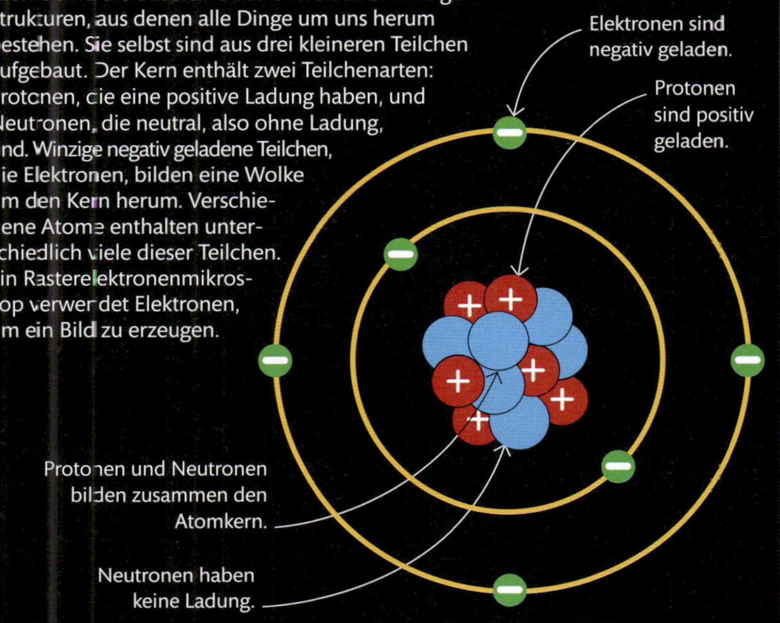

KOHLENSTOFFATOM

4 Lebewesen in Nahaufnahme
Unter der starken Vergrößerung eines Elektronenmikroskops sieht man Details der Staubmilbe, die nur etwa einen Viertel Millimeter groß ist. Wissenschaftler können auf solchen Aufnahmen die Anatomie dieser Tiere studieren.

LEBEN VOR UNSERER ZEIT

FOSSILIEN DATIEREN

Alle Materie besteht aus Atomen (siehe S. 177). Jedes Element gibt es in mehreren Varianten, die man Isotope nennt und die verschieden viele Neutronen haben. Einige Isotope sind radioaktiv, d. h. sie zerfallen nach einiger Zeit von selbst. Wenn Tiere oder Pflanzen sterben, enthalten ihre Körper viele Isotope, darunter auch Kohlenstoffisotope. Indem man den Gehalt der verschiedenen Isotope in einem Fossil misst, kann man feststellen, wann das Lebewesen gestorben ist.

DER KOHLENSTOFFKREISLAUF

Das Element Kohlenstoff wird ständig zwischen Lebewesen, Luft, Boden und Wasser ausgetauscht: Meist als Kohlendioxid (CO_2), wenn Lebewesen atmen, essen und sterben. Man spricht dabei vom Kohlenstoffkreislauf. Wenn ein Organismus stirbt, nimmt er keinen Kohlenstoff mehr auf. Die Mischung der Kohlenstoffisotope ist fixiert, und der unterschiedlich schnelle Zerfall beginnt. Wenn man ihre Konzentration misst, kann man bestimmen, wann das Lebewesen gestorben ist.

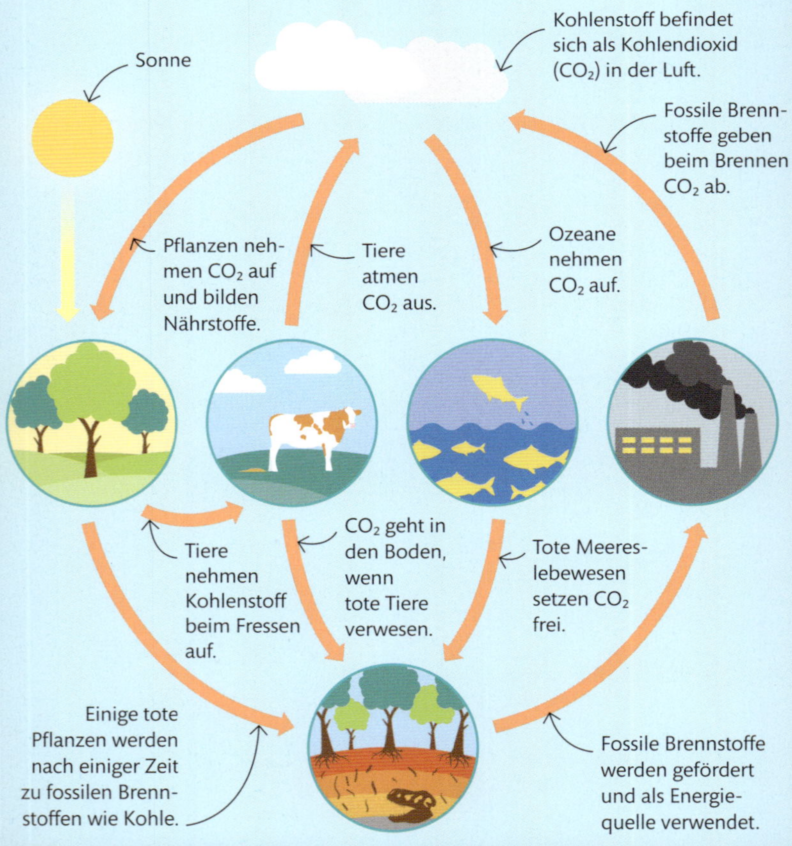

Dinosaurierfossilien
Diese Fossilien in Sahatsakhan (Thailand) stammen von einem pflanzenfressenden Dinosaurier aus der Gruppe der Sauropoden. Im Labor werden die Forscher die Uranisotope in den Fossilien messen, um zu berechnen, vor wie viel Millionen Jahren der Dinosaurier gestorben ist. Für die Kohlenstoffdatierung sind Dinosaurier zu alt, da alle Kohlenstoffisotope längst zerfallen sind.

Die ältesten datierten Fossilien stammen von Mikroben, die vor 3,5 Milliarden Jahren lebten.

ARTEFAKTE UNTERSUCHEN

CT-SCANS

Ein Computertomograf oder CT-Scanner zeigt mithilfe von Röntgenstrahlen das Innere eines Objekts. Ärzte untersuchen mit einem CT-Scanner Patienten. Der Scanner sendet Röntgenstrahlen in verschiedenen Richtungen durch den Körper und misst, wie viele hindurchgehen. Daraus berechnet ein Computer ein dreidimensionales Bild. Archäologen können damit antike Objekte wie Mumien oder Sarkophage untersuchen, ohne sie öffnen oder zerlegen zu müssen.

3-D-MODELLE

Röntgenbilder werden aus allen Richtungen aufgenommen und dann vom Computer verarbeitet, um genaue Querschnittbilder und dreidimensionale Modelle der Strukturen zu erzeugen. Dieses Bild zeigt das Modell des Kopfes einer antiken ägyptischen Mumie.

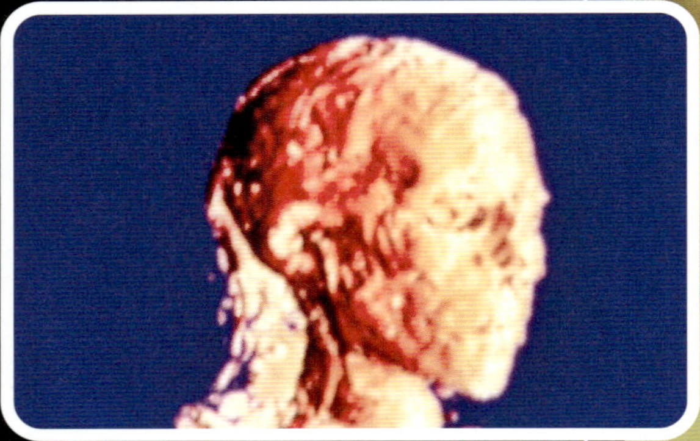

RÖNTGENSTRAHLEN

Röntgenstrahlen sind eine Form unsichtbarer Strahlung (siehe S. 142), die durch die meisten Materialien hindurchgeht. Im menschlichen Körper absorbieren verschiedene Körpergewebe unterschiedlich viel Strahlung: Dichte Substanzen wie Knochen absorbieren mehr als Weichteile wie Muskeln. Im CT misst ein Detektor die Stärke der Röntgenstrahlen, die in verschiedenen Richtungen durch den Körper gehen, und ein Computer errechnet daraus 3-D-Bilder.

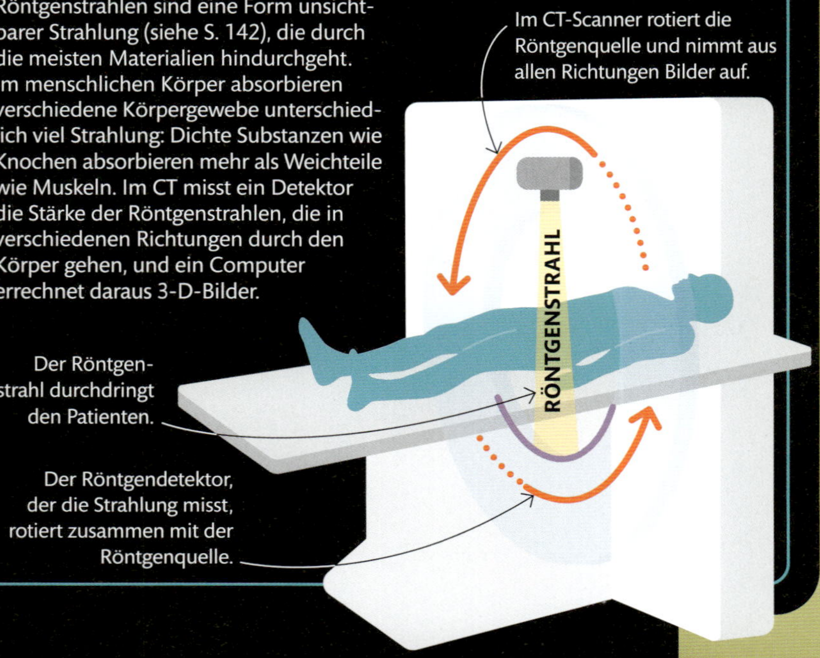

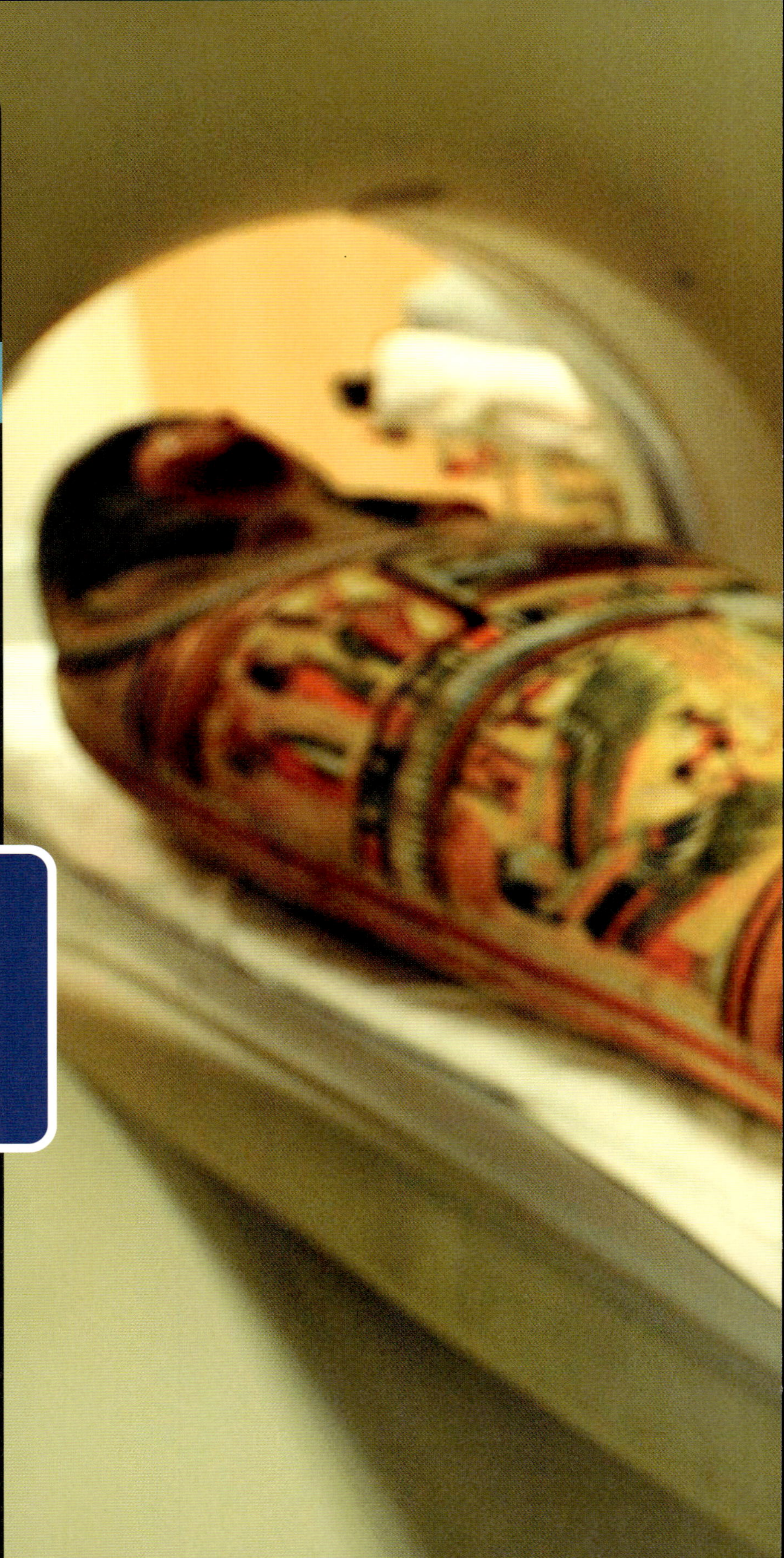

Das Geheimnis der Mumie

Die 3000 Jahre alte Mumie des ägyptischen Priesters Nesperennub wird in einen Computertomografen geschoben. Die Scans zeigten hinter der Stirn ein winziges Loch in seinem Schädel, das aber nur im Inneren zu sehen ist. Möglicherweise starb er an einem Gehirntumor.

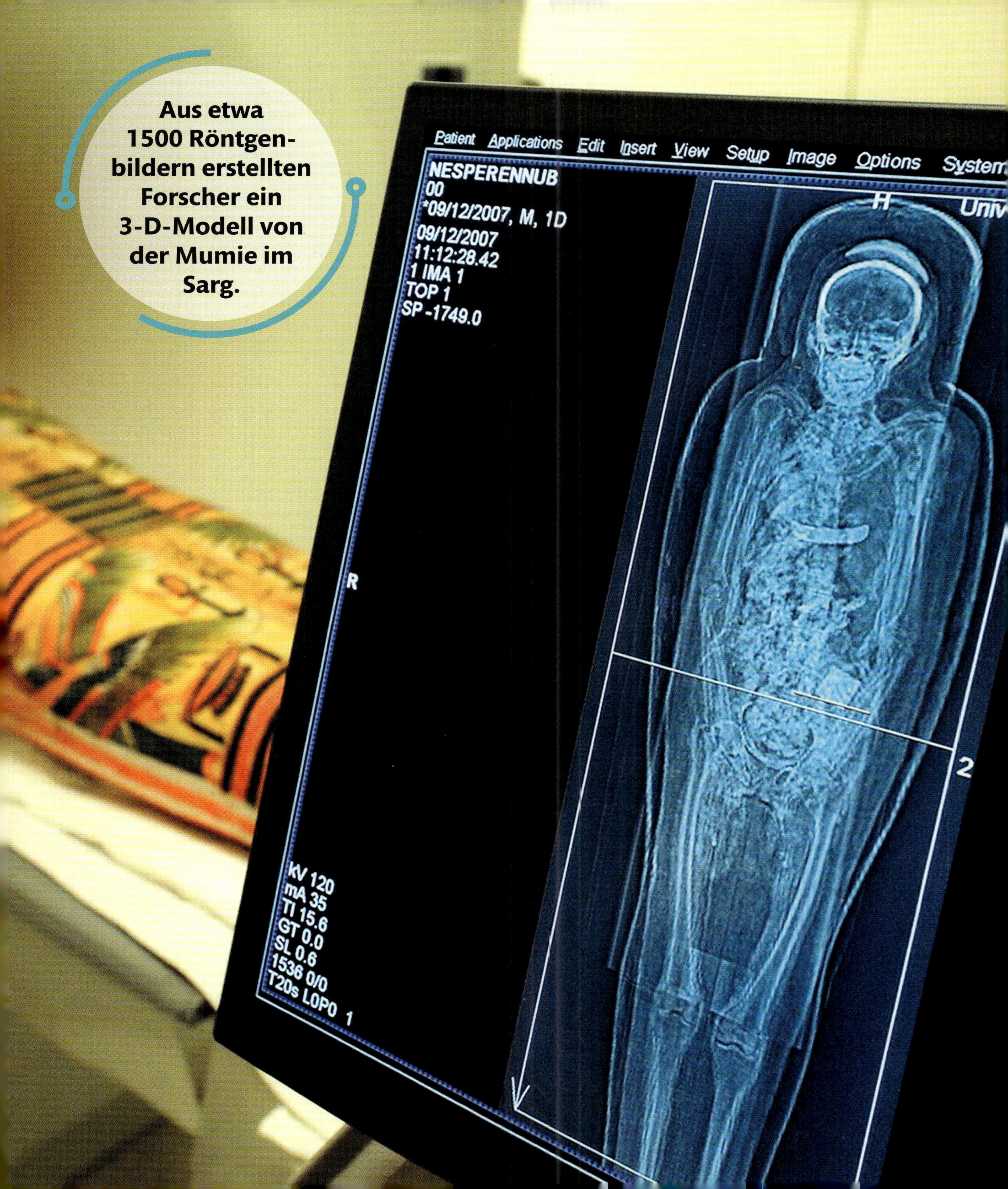

Aus etwa 1500 Röntgenbildern erstellten Forscher ein 3-D-Modell von der Mumie im Sarg.

UNSERE VORFAHREN

FRÜHMENSCHENBILD

Durch das Studium fossiler Überreste von frühen Menschen und ihren Verwandten finden wir mehr über unsere Vorfahren und deren Lebensweise heraus. Mit neuen Techniken wie Scannen, 3-D-Druck und DNA-Analyse rekonstruieren Wissenschaftler, wie unsere frühen Vorfahren ausgesehen haben könnten, und fertigen Modelle an. Das hilft dabei, zu verstehen, wie sich die verschiedenen Menschenarten im Lauf der Jahrmillionen entwickelt haben.

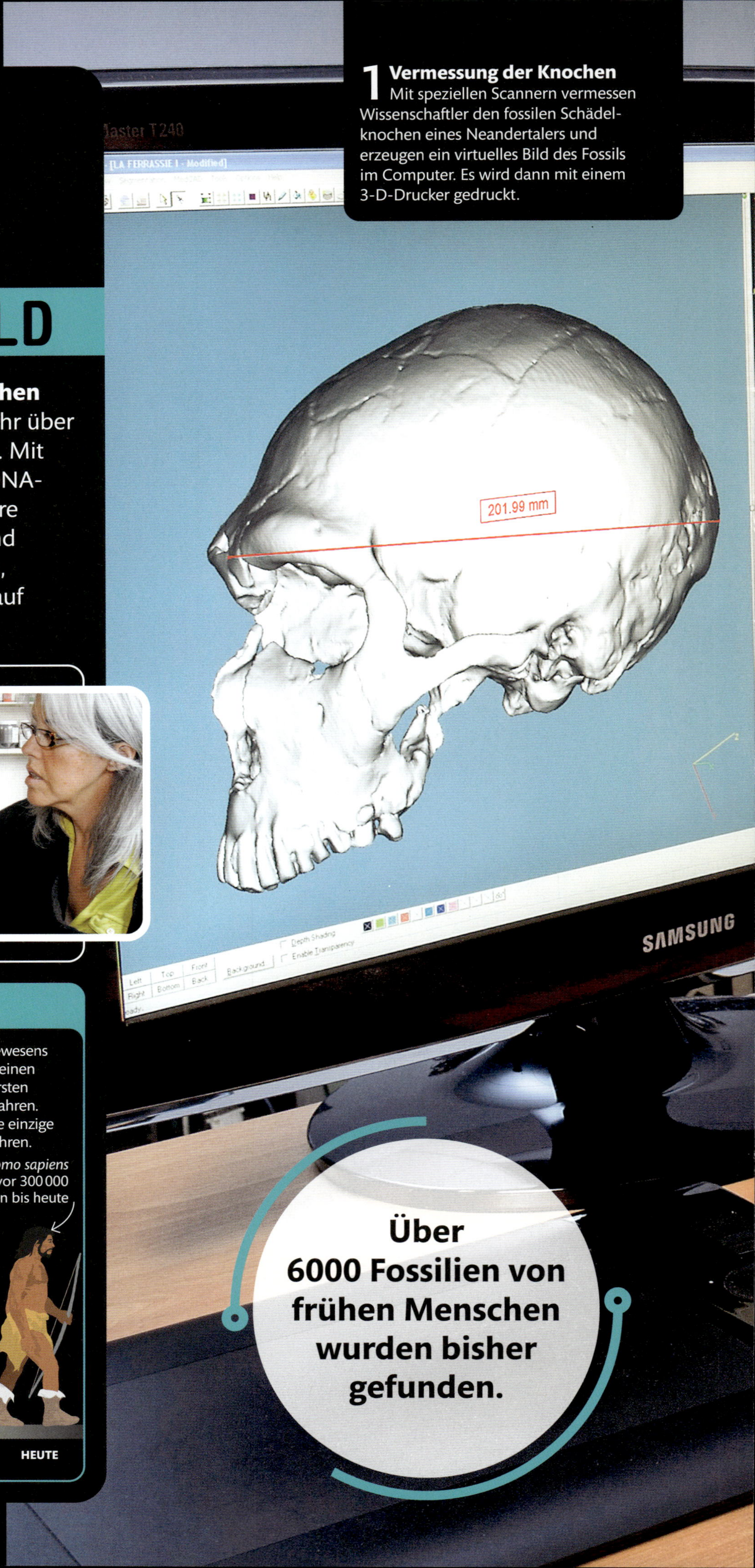

1 Vermessung der Knochen Mit speziellen Scannern vermessen Wissenschaftler den fossilen Schädelknochen eines Neandertalers und erzeugen ein virtuelles Bild des Fossils im Computer. Es wird dann mit einem 3-D-Drucker gedruckt.

PALÄOKUNST

Fossilien zum Leben zu erwecken nennt man Paläokunst, weil es Paläobiologie und Kunst verbindet. Hier arbeitet die französische Paläokünstlerin Élisabeth Daynès an der Nachbildung eines ausgestorbenen Verwandten des Menschen der Art *Australopithecus africanus*.

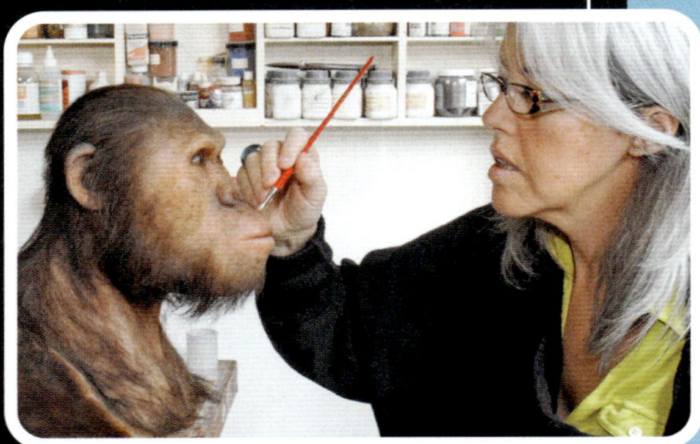

EVOLUTION DES MENSCHEN

Evolution bezeichnet den Vorgang, bei dem sich die Merkmale eines Lebewesens von Generation zu Generation ändern. Wenn viele kleine Veränderungen einen Organismus deutlich verändert haben, ist eine neue Art entstanden. Die ersten Menschenarten entstanden aus affenähnlichen Wesen vor etwa 3,3 Mio. Jahren. Unsere Art, *Homo sapiens*, entstand erst vor etwa 300 000 Jahren. Sie ist die einzige Menschenart, die es heute noch gibt. Die Grafik zeigt einige unserer Vorfahren.

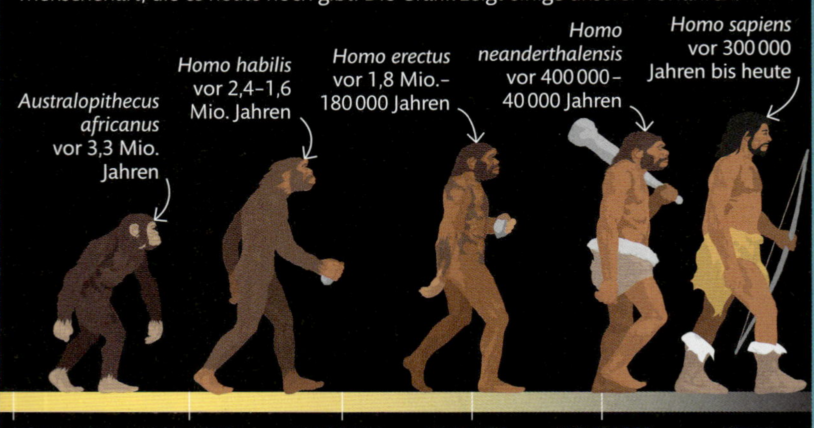

Über 6000 Fossilien von frühen Menschen wurden bisher gefunden.

2 Hinzufügen der Muskeln
Auf der Basis von Kenntnissen über die typische Dicke der Muskeln und der Haut, aber auch mit etwas Raten und Fantasie, werden das Gesicht und die anderen Partien des Kopfes geformt.

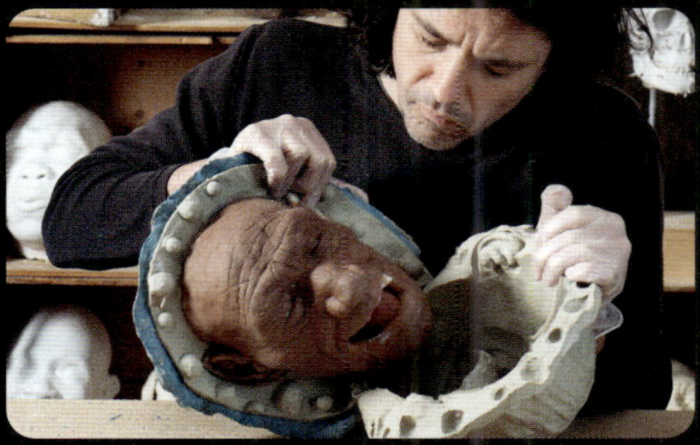

3 Gussform
Wenn das Gesicht mit allen Muskeln, der Haut und individuellen Details wie Narben, Adern und einem Gesichtsausdruck fertig ist, wird eine Gussform abgenommen. Damit gießt man das endgültige Modell aus Silikon.

4 Letzte Details
Haare und Behaarung werden ergänzt und das Gesicht bemalt, um das Modell zum Leben zu erwecken. Auf die Hautfarbe schließt man aus dem Wissen über die Umwelt des Fossils. Die Haarfarbe zeigt die DNA-Analyse.

WÄRME MESSEN

WÄRMEBILDER

Alle Objekte geben Wärme in Form von Infrarotstrahlung ab. Sie ist für das menschliche Auge unsichtbar, aber Wärmebildkameras mit speziellen Sensoren können sie aufnehmen. Sie kartieren die Temperaturunterschiede und stellen sie als Bild in sichtbaren Farben dar: Kühle Flächen erscheinen blau oder violett und wärmere gelb oder rot. Solche Kameras sind nützlich, um Personen oder Objekte zu beobachten, wenn diese schlecht sichtbar sind.

NACHTSICHTGERÄT

Im Gegensatz zur Wärmebildkamera funktioniert ein Nachtsichtgerät nicht bei absoluter Dunkelheit. Es kann lediglich vorhandenes schwach sichtbares Licht verstärken und überträgt es in ein grünliches Bild.

MESSUNG VON WELLEN

Infrarotstrahlung ist eine Form elektromagnetischer Strahlung (siehe S. 142), die sich wie das sichtbare Licht als Wellen ausbreitet. Wellen sind verschieden, wir können sie durch ihre Wellenlänge (den Abstand zwischen zwei Wellenbergen), ihre Amplitude (die Wellenhöhe) und ihre Frequenz (die Zahl der Wellenschwingungen pro Sekunde) beschreiben. Infrarotstrahlung kann unser Auge nicht sehen, weil seine Wellenlänge größer ist als die des sichtbaren Lichts.

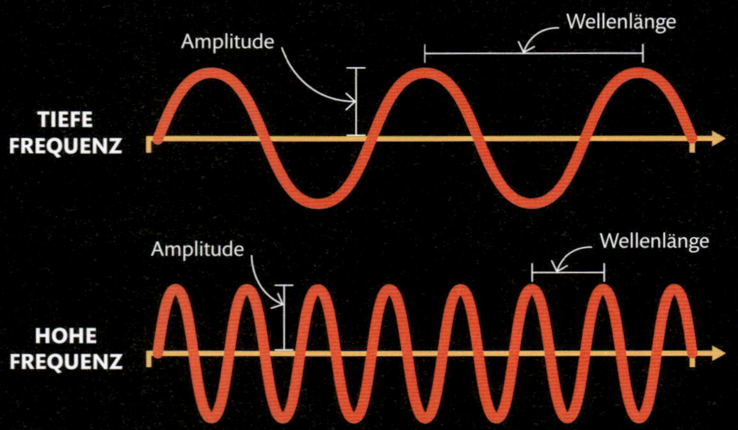

Einige Schlangen können Infrarotstrahlung wahrnehmen und damit auch im Dunklen jagen.

Brandbekämpfung

Mit Wärmebildkameras blicken Feuerwehrleute durch Rauch und Dunkelheit, um vermisste Menschen in gefährlichen Situationen schnell aufzuspüren. Die Wärmebilder helfen auch dabei, alle Brandherde zu finden.

Überwachung elektrischer Anlagen

Störungen in elektrischen Systemen führen oft dazu, dass sich Komponenten stark erhitzen. Mit Wärmebildkameras sucht man nach überhitzten Stellen, um Gefahren zu identifizieren, bevor sie akut werden.

Gesundheitskontrollen

Wärmebildkameras werden an Verkehrsknotenpunkten wie Flughäfen zur Gesundheitskontrolle eingesetzt. Man kann damit Passagiere identifizieren, die Fieber haben, und so die Ausbreitung von Infektionskrankheiten eindämmen.

Wildtiere studieren

Menschen sehen in der Nacht nicht gut, aber mit Wärmebildkameras können wir auch in völliger Dunkelheit sehen. Da die Kamera winzige Temperaturunterschiede sichtbar macht, zeigt sie diese Eule mit vielen Details.

Nah und persönlich

Tierfilmer nahmen in Rajasthan (Indien) diese Languren auf, die mit einem als Artgenosse getarnten Roboter interagieren. Eine Kamera in seinem Auge ermöglicht es, die Affen aus der Nähe zu beobachten.

AKTIVE MASCHINEN

ROBOTERKAMERAS

Roboter sind Maschinen, die programmiert sind, eine Reihe von Handlungen selbstständig auszuführen. Man setzt sie oft für Aufgaben ein, die sich wiederholen, gefährlich sind oder für Menschen unmöglich, etwa für Aufnahmen von Wildtieren, ohne diese zu stören. Roboter, die Tieren oder Pflanzen ähneln, nennt man biomimetische Roboter. Sie kommen zum Einsatz, wenn Wissenschaftler Tiergemeinschaften beobachten wollen, um mehr über das soziale Verhalten der Tiere zu lernen.

ROBOTER ALS THERAPIE

Roboter werden in der Medizin und in der Pflege immer wichtiger. Das Bild zeigt Paro, einen therapeutischen Roboter, der einem Robbenbaby ähnelt. Seine Sensoren nehmen Berührungen und Stimmen wahr, und er reagiert darauf mit Bewegungen und Lauten. Es hat sich gezeigt, dass der Umgang mit ihm bei Bewohnern von Pflegeheimen die Stimmung hebt und den Stress senkt.

ROBOTIK

Ein Roboter ist eine sich bewegende Maschine, die Bewegungen oder Geräusche in der Umgebung registriert und darauf sinnvoll mit Handlungen reagiert. Er erhält Informationen von Eingabegeräten, die man Sensoren nennt, etwa Lichtsensoren. Die Informationen werden dann von einem Prozessor (CPU) verarbeitet, sozusagen dem Gehirn des Roboters. Die CPU leitet Informationen an Ausgabegeräte wie etwa Lautsprecher.

EINGABE → CPU → AUSGABE

1. Ein Sensor registriert Geräusche oder Bewegungen in der Umgebung und leitet diese Information an die CPU weiter.

2. Die CPU verarbeitet die Daten und sendet Anweisungen an die Ausgabegeräte, die darauf reagieren sollen.

3. Die Ausgabegeräte aktivieren Motoren oder Kameras nach den Anweisungen der CPU.

Roboteraffe

Die getarnte Kamera im Roboteraffen hat Infrarotsensoren als Eingabegerät, die Bewegungen in der Nähe registrieren. Darauf werden Motoren im Hals aktiviert und der Roboter dreht den Kopf. So kann sie Aktivitäten in der Umgebung filmen.

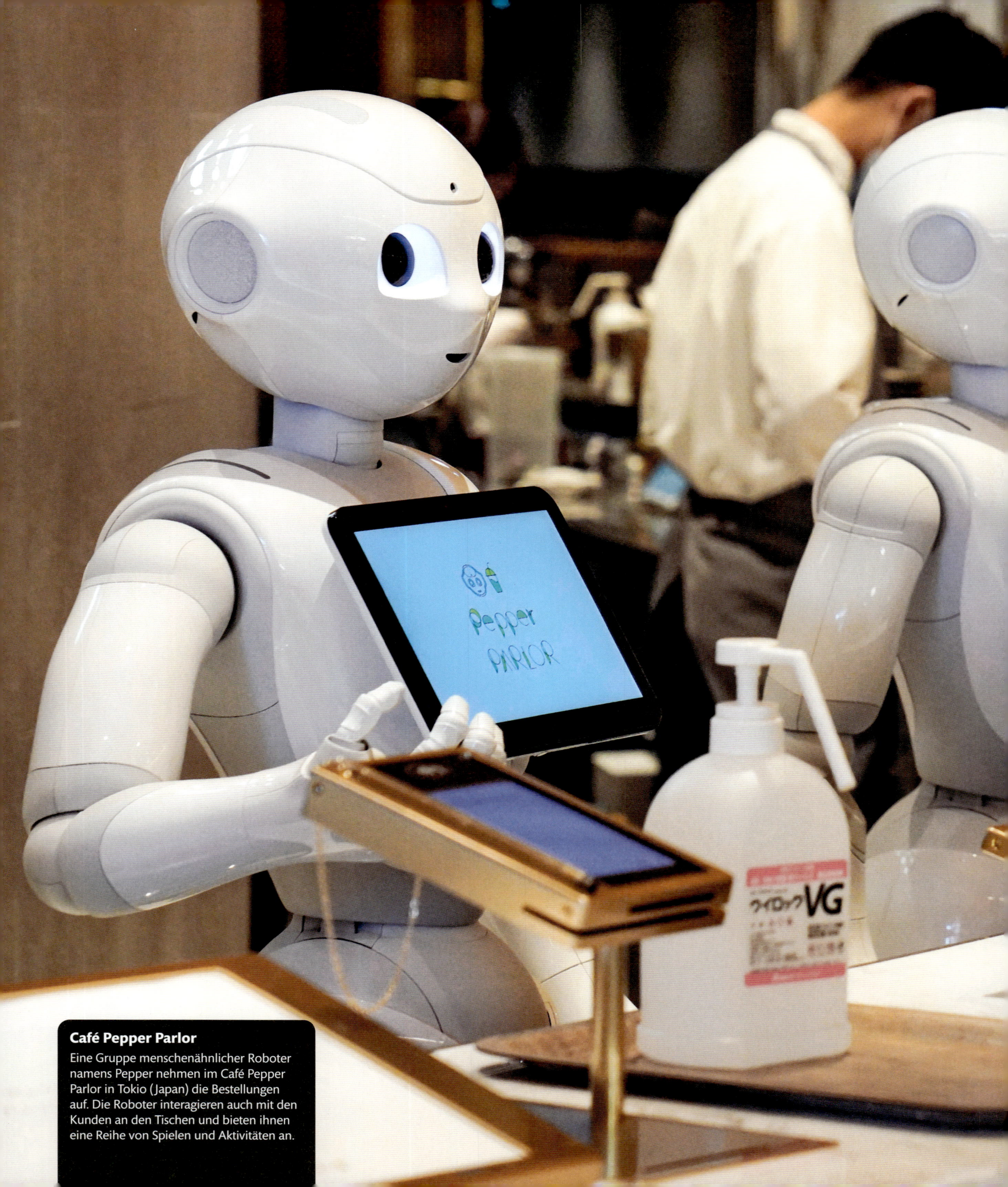

Café Pepper Parlor

Eine Gruppe menschenähnlicher Roboter namens Pepper nehmen im Café Pepper Parlor in Tokio (Japan) die Bestellungen auf. Die Roboter interagieren auch mit den Kunden an den Tischen und bieten ihnen eine Reihe von Spielen und Aktivitäten an.

VERBRECHER FINDEN

DNA-ANALYSE

Forensiker nutzen wissenschaftliche Verfahren, um Verbrechen aufzuklären. Sie studieren verschiedene Arten von Beweisen, etwa Blutflecken, Fingerabdrücke, Fußabdrücke und andere Spuren. Sie analysieren auch DNA – die genetischen Informationen, die wir alle in uns tragen. Die DNA jeder Person ist, außer bei eineiigen Zwillingen, einmalig. Sie kommt in jeder Zelle des Körpers vor, sodass wir sie leicht hinterlassen, wenn wir Hautschuppen, Haare oder Blut verlieren.

GENTESTS

DNA-Tests sind nicht nur für die Polizei nützlich. Mit Heim-Gentests kann man selbst DNA-Proben aus dem Speichel nehmen und an Labors schicken, um herauszufinden, mit wem man verwandt ist. Ärzte nutzen Gentests, um die Ursachen von Krankheiten zu finden.

DNA

DNA – kurz für Desoxyribonukleinsäure – ist eine Art biologischer Barcode: das individuelle Rezept, nach dem wir aufgebaut sind. Sie befindet sich im Zellkern aller Zellen des Körpers – dem Kontrollzentrum der Zelle – und hat eine leiterartige Struktur, Doppelhelix genannt. Die „Sprossen" der Leiter bestehen aus vier verschiedenen chemischen Stoffen, den Basen, hier in verschiedenen Farben gezeigt.

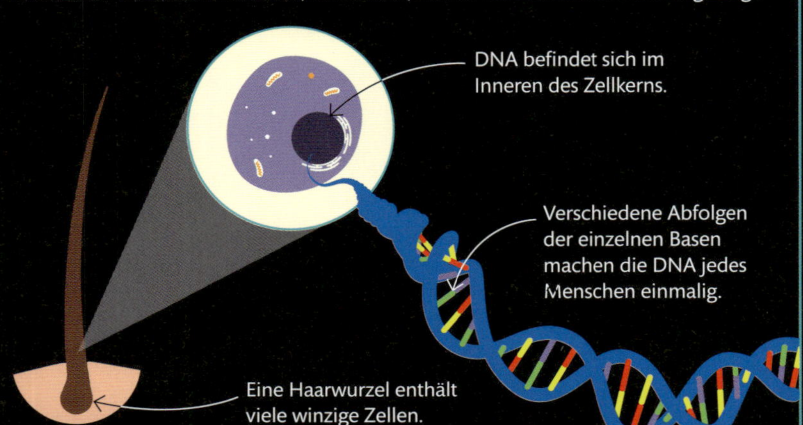

1 Am Tatort
Forensiker suchen nach DNA-Spuren, die sie in Blut- und Speichelresten oder Haaren finden. Auch Kleidungsstücke und andere Gegenstände können weiterhelfen. Auf allem, was eine Person berührt hat, kann ihre DNA sein.

Die DNA in einer Zelle wäre ausgestreckt etwa 2 Meter lang.

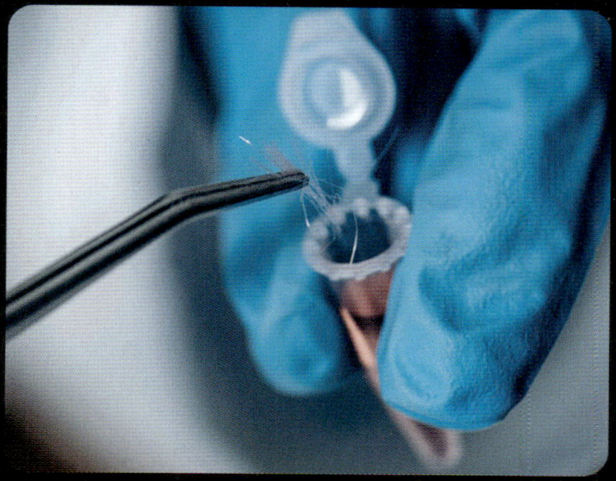

2 Probenentnahme
Alles, was DNA enthalten kann, wie etwa Haare, wird sorgfältig gesammelt und aufbewahrt. Von Verdächtigen werden mit einem Wattestäbchen Abstriche im Mund genommen, damit man ihre DNA als Vergleichsprobe hat.

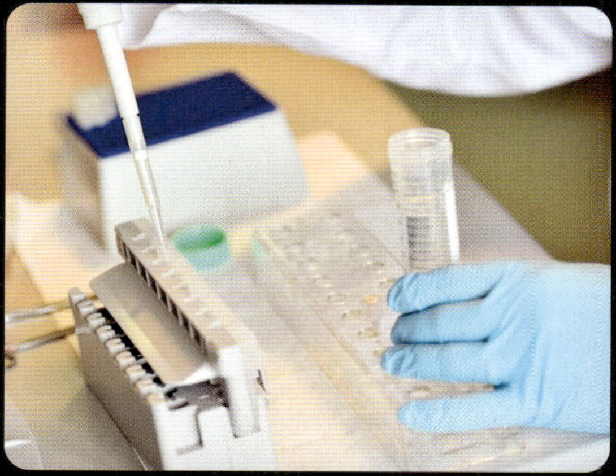

3 Im Labor
Im Labor extrahieren die Wissenschaftler DNA aus den Zellen der Probe und replizieren (vervielfältigen) sie, um genug für eine Analyse zu haben. Die DNA wird von einer Maschine analysiert, die den genetischen Code (die Abfolge der Basen) lesen kann.

4 DNA-Vergleich
Die DNA einer Person ist so individuell wie ein Fingerabdruck. Die DNA vom Tatort wird mit der DNA aller Verdächtigen verglichen, um eine Übereinstimmung zu finden.

GEHIRNBILDER

MRT-SCANS

Der menschliche Körper ist eine komplexe Struktur, die wir immer noch nicht ganz verstehen. Aber einen lebenden Körper kann man ohne chirurgische Eingriffe nur schwer untersuchen. Die Magnetresonanztomografie (MRT) gibt einmalige Einblicke ins Körperinnere. Sie ist viel detaillierter als Röntgenbilder und zeigt nicht nur Knochen, sondern auch Details der Weichgewebe. MRT-Scanner arbeiten mit starken Magneten und Radiowellen. Ein Computer wandelt die Radiosignale in Bilder um – sogar vom Gehirn, das unter einer dicken Schädeldicke liegt.

HIRNAKTIVITÄT

2015 nahm die Neurowissenschaftlerin Rebecca Saxe diesen MRT-Scan von sich selbst und ihrem Baby auf, um erwachsene und kindliche Gehirne zu vergleichen. Später ergänzte sie das Bild mit einem weiteren Scan, der zeigt, wo das Gehirn aktiv wird, wenn es Gesichter erkennt.

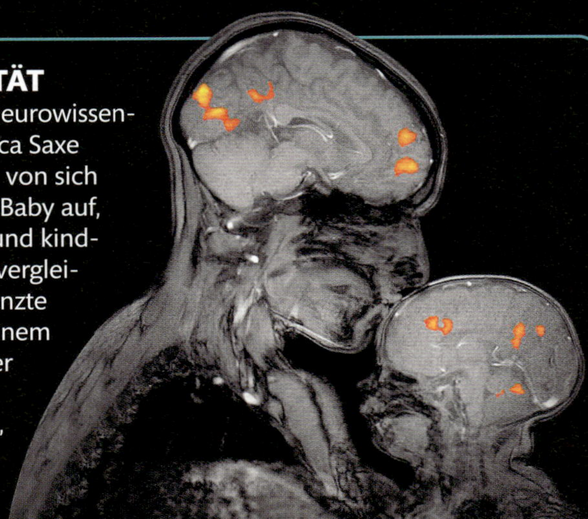

DAS MENSCHLICHE GEHIRN

Das Gehirn ist ein Netz von Milliarden Zellen, den Nervenzellen oder Neuronen, die miteinander kommunizieren. Es ist das Zentrum des Nervensystems, das Informationen von den Sinnen verarbeitet und Muskeln steuert. Der größte Teil, das Großhirn, ist in Lappen geteilt, die auf bestimmte Funktionen spezialisiert sind.

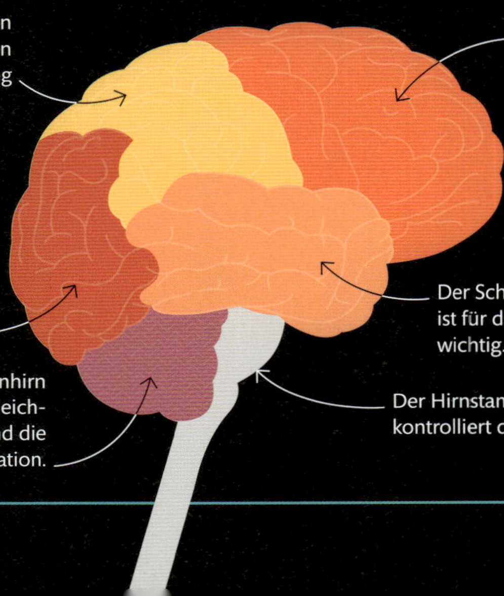

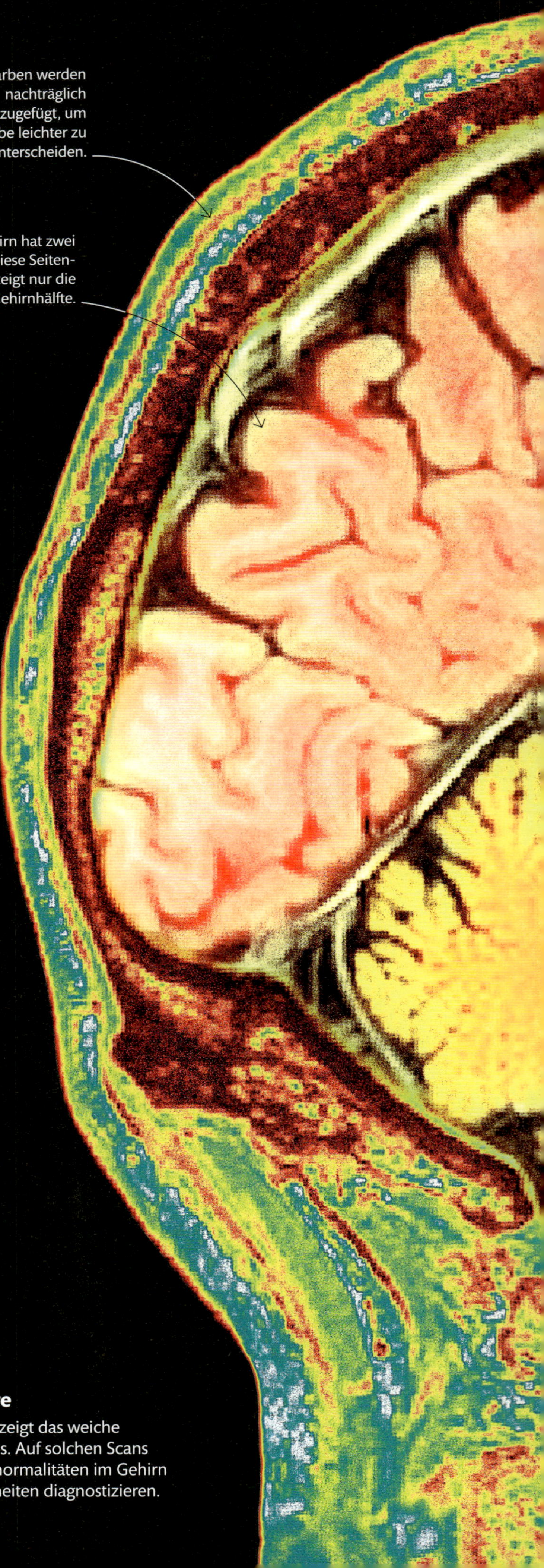

Blick ins Innere

Dieser MRT-Scan zeigt das weiche Innere des Gehirns. Auf solchen Scans können Ärzte Abnormalitäten im Gehirn sehen und Krankheiten diagnostizieren.

Ein erwachsenes Gehirn enthält etwa 86 Milliarden Nervenzellen.

Das Gehirn besteht aus weichem Gewebe, das in Falten gelegt ist, sodass es eine große Oberfläche hat.

WUNDEN HEILEN

KÜNSTLICHE HAUT

Die Haut ist unser größtes Organ. Unter anderem dient sie dem Schutz des Körperinneren und bildet die äußere Barriere gegen Verletzungen und Infektionen. Kleine Verletzungen heilen leicht, aber großflächige, etwa schwere Verbrennungen, müssen behandelt werden. Manchmal nimmt man dazu gesunde Haut von einer anderen Körperstelle und legt sie über die Wunde, um die Selbstheilung zu fördern, aber je nach Ausmaß ist auch das schwierig. Eine Lösung ist künstliche Haut, die Wissenschaftler im Labor wachsen lassen können.

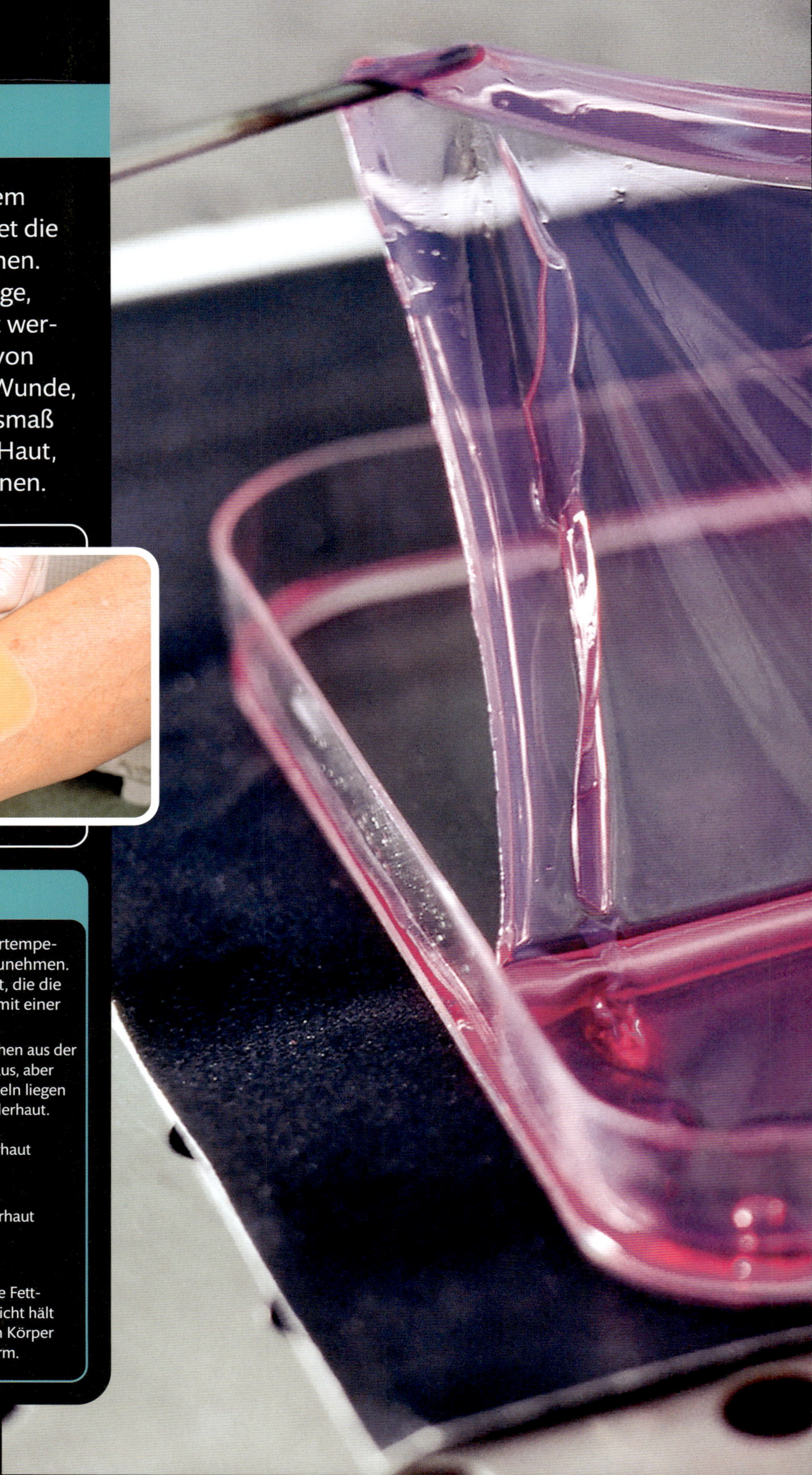

Hautgewebe
Dieses Stück künstliche Haut wurde aus Zellen gezüchtet, die ein Patient gespendet hat. Die Zellen werden in ein Gel gelegt, das sie mit allen Nährstoffen versorgt, die sie zur Vermehrung brauchen. Eine Schicht aus sehr vielen Zellen entsteht, die man Hautgewebe nennt. Ärzte können sie auf Verletzungen nähen oder kleben.

WUNDBEHANDLUNG

Bei kleinen Wunden sind Hydrokolloid-Wundauflagen eine Alternative zum Pflaster. Sie bestehen aus einem Material, das beim Kontakt mit der Wunde aufquillt und ein Gel bildet. Die Wundauflagen sind flexibel und gut geeignet für Stellen wie die Ellbogen, an denen Pflaster nicht gut haften.

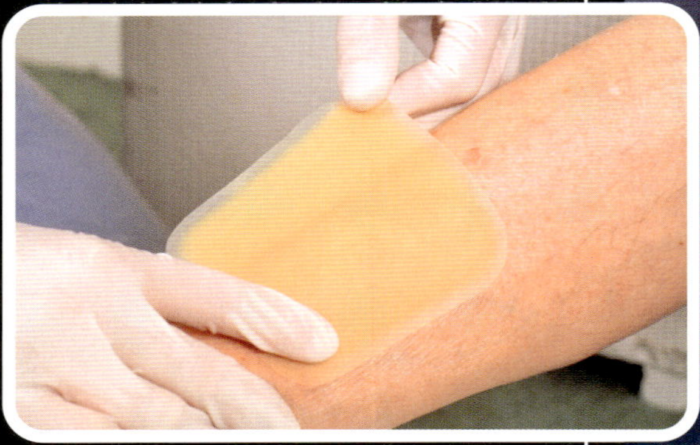

DIE HAUT

Die Haut schützt uns vor Infektionen, sie trägt zur Regulierung der Körpertemperatur bei, und die Nerven des Tastsinns helfen uns, die Umgebung wahrzunehmen. Die dünne, äußerste Schicht heißt Oberhaut. Darunter liegt die Lederhaut, die die Blutgefäße und Nerven enthält. Unter der Lederhaut liegt die Unterhaut mit einer Fettschicht, die als Energiespeicher und zur Wärmeisolierung dient.

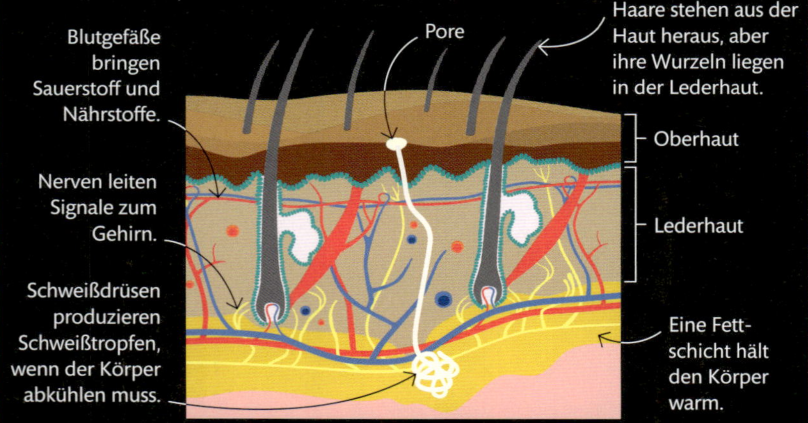

Es dauert 3 Wochen einen Quadratmeter künstliche Haut in einer Zellkultur zu züchten.

Der Zug der Kraniche

Kraniche brüten in Europa und ziehen im Winter nach Nordafrika. Es gibt verschiedene Flugrouten. Eine der längsten führt von Finnland nach Äthiopien. Dabei legen die Vögel über 6500 km zurück. Forscher verfolgen den Zug mithilfe von sogenannten Trackern: Sendern, die sie an den Vögeln befestigen.

Kraniche auf dem Vogelzug können an einem einzigen Tag über 300 Kilometer zurücklegen.

TIERE VERFOLGEN

WANDERUNGEN KARTIEREN

Einige Tiere machen Wanderungen über weite Entfernungen. Das nennt man Migration. Sie kommt bei vielen Arten vor, darunter Vögel, Fische und Säugetiere. Tiere wandern, um Nahrung, Partner oder sichere Aufzuchtsorte für die Jungen zu finden oder um dem Wetter oder den Jahreszeiten zu folgen. Die Migrationsrouten zu kennen hilft, gefährdete Tierarten besser zu schützen. Wissenschaftler verfolgen die Tiere mit verschiedenen Methoden, etwa Radiosendern und Satellitennavigation.

LACHSEN AUF DER SPUR

Rotlachse schlüpfen im Süßwasser, wandern aber ins Meer, um zu fressen und zu wachsen und kehren zur Fortpflanzung ins Süßwasser zurück. Wie alle Fische haben sie knochige Strukturen im Kopf, die Otolithen. Deren Zusammensetzung ändert sich mit dem Alter des Fisches und seinen Aufenthaltsorten. Durch die Analyse der Otolithen können Forscher die Migration rekonstruieren.

SATELLITENNAVIGATION

Eine Möglichkeit zur Verfolgung von Tieren sind Satellitennavigationssysteme wie GPS oder Galileo. Am Tier wird ein Tracker befestigt: ein kleines Gerät, das mit Satellitensignalen die genaue Position des Vogels misst und an eine Basisstation oder an Telefonsatelliten sendet. GPS und Galileo haben je etwa 30 Satelliten.

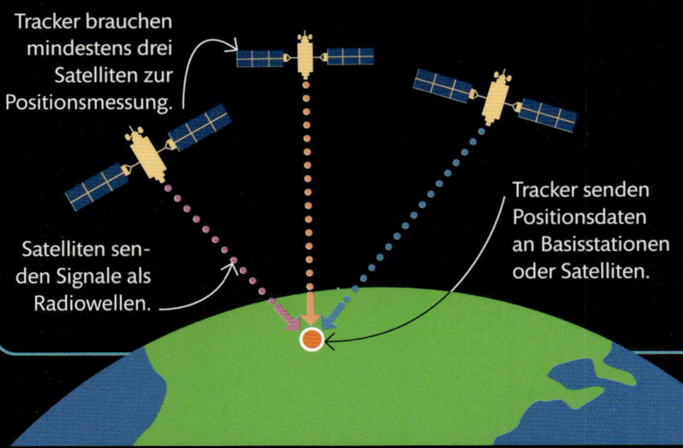

Migrationsrouten

Mit Satelliten kann man Tierwanderungen über die ganze Welt verfolgen. Küstenseeschwalben haben die längsten Zugrouten von allen. Die Vögel legen zum Teil unglaubliche Strecken von fast 100 000 km jedes Jahr zurück. Sie brüten in der Arktis und überwintern im Südpolargebiet um Antarktika. Auf ihrer Reise fliegen sie bevorzugt über Meer und meiden den Land.

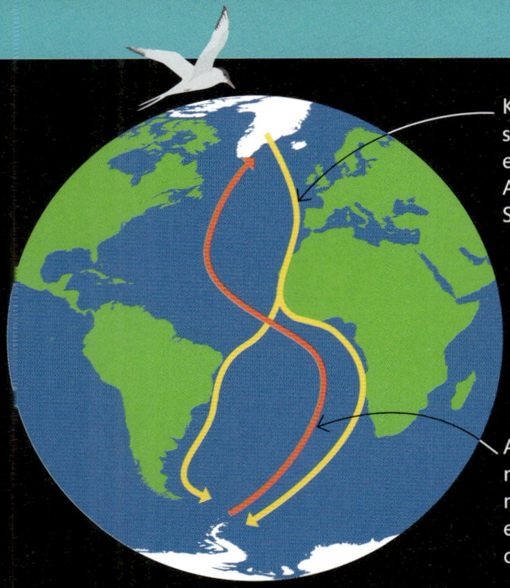

Das Auge des Tigers

Dieses seltene Bild einer Tigerin mit ihrem Jungen stammt von einer Kamerafalle im Bandhavgarh-Nationalpark (Indien). Tiger sind sehr scheu, aber mit Kamerafallen kann man sie erforschen, ohne sie zu stören.

HILFE BEIM TIERSCHUTZ

KAMERAFALLEN

Frei lebende Tiere aus der Nähe zu beobachten, kann schwierig sein. Daher nutzen Forscher oft Kamerafallen. Jedes Tier, das der Kamera nahe kommt, aktiviert durch Bewegung oder Körperwärme Sensoren, die den Verschluss der Kamera auslösen, sodass sie eine Aufnahme macht. Mit solchen Kameras können Naturschützer wilde Tiere verfolgen, ihre Zahl abschätzen, ihre Aufenthaltsorte bestimmen und sogar ihr Verhalten studieren. Diese Daten helfen, gefährdete Arten zu erhalten.

FALLEN AUFSTELLEN
Kamerafallen, hier in einem Nationalpark in der Republik Kongo, werden an Orten aufgestellt, die die Tiere häufig besuchen. Die Forscher tarnen die Kameras sorgfältig, damit sie nicht von den Tieren zerstört oder von Menschen gestohlen werden.

Tiger gehören zu den am stärksten gefährdeten Arten mit weniger als 4000 frei lebenden Tieren.

SCHUTZ BEDROHTER ARTEN

Trotz der Naturschutzbemühungen vieler Menschen nehmen viele Tierarten in der Natur ab: durch Verlust des Lebensraums, Jagd, Umweltverschmutzung und den Klimawandel. Die Rote Liste der Weltnaturschutzunion (IUCN) ist ein Hilfsmittel, um für jede Art das Risiko des Aussterbens abzuschätzen. Auf sie berufen sich Wissenschaftler und Politiker bei der Entscheidung, welche Schutzmaßnahmen besonders dringend sind. Die Liste hat sieben Kategorien, von „nicht gefährdet" bis zu „ausgestorben". Tiger sind stärker gefährdet als andere Großkatzen, es gibt aber noch kleine Wildpopulationen.

JAGUAR: POTENZIELL GEFÄHRDET

SUMATRA-TIGER: VOM AUSSTERBEN BEDROHT

BEUTELWOLF: AUSGESTORBEN

GLOSSAR

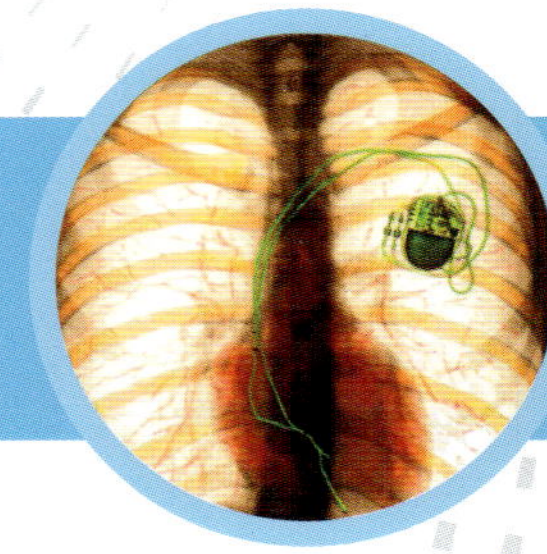

AERODYNAMIK
Die Erforschung dessen, wie sich etwas durch die Luft bewegt. Die vier aerodynamischen Kräfte sind Vortrieb, Luftwiderstand, Auftrieb und Gewichtskraft.

ALGEN
Pflanzenähnliche Organismen, die im Wasser leben und aus Sonnenlicht Nährstoffe erzeugen (*siehe* Fotosynthese). Es gibt Großalgen (Seetang) und einzellige Mikroalgen.

ANTIKÖRPER
Ein Protein (*siehe* Protein), das sich an Erreger wie Bakterien oder Viren anheftet, um sie unschädlich zu machen oder zur Zerstörung durch weiße Blutkörperchen zu markieren. Wenn der Körper neue Erreger antrifft, lernt er, Antikörper zu produzieren, wodurch man gegen zukünftige Infektionen immun ist.

ATMOSPHÄRE
Die schützende Hülle aus verschiedenen Gasen, die die Erde umgibt.

ATOM
Die kleinste Einheit eines Elements, die dessen Eigenschaften aufweist.

ATOMKERN
Der zentrale Bereich eines Atoms, in dem sich die Protonen und Neutronen befinden.

AUFTRIEB
Eine nach oben wirkende Kraft auf einen Körper, der sich in einem Gas oder einer Flüssigkeit befindet.

BAKTERIUM
Winziger einzelliger Organismus ohne Zellkern. Bakterien sind die am weitesten verbreitete Lebensform auf der Erde.

BASE
Ein reaktiver chemischer Stoff mit einem pH-Wert über 7 (*siehe* pH). Seife und Bleiche sind basisch.

BATTERIE
Ein Energiespeicher, der einen elektrischen Strom erzeugt, wenn man ihn mit einem Stromkreis verbindet.

BESCHLEUNIGUNG
Die Veränderung (Vergrößerung, Verkleinerung oder Richtungsänderung) der Geschwindigkeit eines Körpers durch Kräfte, die auf ihn wirken.

BIOLOGIE
Die Erforschung von Lebewesen und wie sie mit ihrer Umwelt wechselwirken. Dazu gehören die Fachgebiete Botanik, Zoologie und Mikrobiologie.

BIOM
Eine Region, in der Vegetation, Klima und Tierwelt einen einheitlichen Charakter haben. Auf verschiedenen Kontinenten gibt es gleiche Biome, etwa gemäßigte Grasländer, Tundra und Tropenwälder.

BLUTGEFÄSS
Ein schlauchartiges Gewebe, das Blut durch den Körper leitet. Es gibt drei Haupttypen: Arterien, Venen und Kapillaren.

CHEMIE
Das Studium der Materie und der Elemente und wie sie reagieren, wenn man sie zusammenbringt.

DATEN
Informationen, Statistiken oder Werte, die man für eine Analyse oder zum Nachschlagen gesammelt hat.

DICHTE
Die Masse eines Feststoffs, einer Flüssigkeit oder eines Gases pro Volumeneinheit. Ein dichter Stoff besteht aus schweren oder dicht gepackten Atomen. Weniger dichte Objekte schwimmen in dichteren Flüssigkeiten oder Gasen: Holz schwimmt im Wasser, weil es weniger dicht ist als Wasser.

DNA
Abkürzung für Desoxyribonukleinsäure, ein lang gestrecktes Molekül in den Zellkernen (*siehe* Zellkern) aller Lebewesen. Es ist wie eine verdrehte Leiter geformt (die Form nennt man Doppelhelix) und trägt den genetischen Code: die Anweisungen, wie ein Lebewesen aussieht und funktioniert.

DRUCK
Eine Kraft, die auf eine Fläche wirkt. Die gleiche Gesamtkraft erzeugt einen geringeren Druck, je größer die Fläche ist, über die sie verteilt ist.

EINZELLER
Organismus, der nur aus einer einzigen Zelle besteht, anstatt wie die meisten Tiere und Pflanzen aus vielen spezialisierten Zellen.

ELEKTRIZITÄT
Alle Phänomene, die mit elektrischer Ladung zu tun haben. Elektrischer Strom ist die Bewegung von geladenen Teilchen. Elektrizität versorgt Häuser, immer mehr Autos und viele Geräte mit Energie.

ELEKTROLYSE
Ein Verfahren, um chemische Substanzen mit elektrischem Strom in Bestandteile zu trennen. Mit Elektrolyse lassen sich zum Beispiel Stoffe herstellen oder Metalle gewinnen.

ELEKTROMAGNETISCHES SPEKTRUM
Die Gesamtheit verschiedener Arten elektromagnetischer Strahlung, von Gammastrahlen bis zu Radiowellen. Auch das sichtbare Licht ist Teil des elektromagnetischen Spektrums.

ELEKTRON
Ein negativ geladenes Teilchen in der Hülle von Atomen. Elektronen, die sich bewegen, übertragen eine elektrische Ladung und erzeugen Magnetfelder.

ELEMENT
Ein Stoff, der nur aus einer Atomsorte besteht. Von den heute 118 bekannten Elementen kommen etwa 90 natürlich vor.

ENERGIE
Die Fähigkeit, Arbeit zu verrichten. Energie gibt es in vielen Formen, etwa elektrische oder chemische Energie. Energie kann nicht geschaffen oder zerstört, sondern nur zwischen verschiedenen Formen umgewandelt werden.

ERDERWÄRMUNG
Ein Anstieg der durchschnittlichen Temperaturen auf der Oberfläche der Erde durch die Zunahme von Treibhausgasen wie Kohlendioxid in der Luft. *Siehe* Klimawandel.

ERNEUERBARE ENERGIE
Eine Form der nutzbaren Energie, deren Quelle im Gegensatz zu fossilen Brennstoffen nicht verbraucht wird, wie etwa Windenergie, Wellenenergie und Sonnenenergie.

ERREGER
Ein Mikroorganismus oder ein Virus, der eine Krankheit hervorruft.

EVOLUTION
Die Veränderung von Arten über viele Generationen hinweg, durch die sie sich an veränderte Umweltbedingungen anpassen.

FESTSTOFF
Ein Zustand der Materie, in dem die Atome oder Moleküle in einer festen Struktur aneinander gebunden sind. Feststoffe sind hart und haben eine klare Form, sie passen sich nicht einem Behälter an.

FETT
Eine energiereiche Substanz in Lebewesen. Im Körper dienen Fette als Energiespeicher, sie umhüllen Nervenzellen und eine Fettschicht isoliert den Körper gegen Kälte.

FLÜSSIGKEIT
Ein Zustand der Materie, bei dem die Atome oder Moleküle eng gepackt sind. Die Bindungen zwischen ihnen sind stärker als in Gasen, aber schwächer als in Feststoffen, sodass sich die Teilchen frei bewegen können. Flüssigkeiten fließen und nehmen die Form des Behälters an, lassen sich aber nicht komprimieren (zusammenpressen).

FOSSIL
Versteinerung von Lebewesen, die vor sehr langer Zeit lebten.

FOSSILER BRENNSTOFF
Ein Brennstoff, der aus den fossilen Überresten von früheren Lebewesen besteht. Darunter fallen Kohle, Erdöl und Erdgas. Wenn man sie verbrennt, geben sie Kohlendioxid ab, das zum Klimawandel beiträgt.

FOTOSYNTHESE
Der Vorgang, durch den Pflanzen mithilfe der Energie des Sonnenlichts Nährstoffe aus Wasser und Kohlendioxid produzieren. Dabei entsteht Sauerstoff.

GAS
Ein Zustand der Materie, bei dem die Teilchen weit voneinander entfernt sind und sich schnell frei bewegen. Gase haben keine feste Form, füllen jedes Gefäß aus und lassen sich zusammenpressen.

GEGENKRAFT
Wenn ein Körper auf einen zweiten eine Kraft ausübt, übt der zweite Körper stets eine gleich große Kraft in entgegengesetzter Richtung auf den ersten aus, die Gegenkraft heißt.

GEHIRN
Das Organ im Inneren des Kopfes, das den ganzen Körper kontrolliert. Der zentrale Teil des Nervensystems ermöglicht Wahrnehmungen, Bewegungen, Denken und Fühlen.

GEN
Ein Abschnitt der DNA (*siehe* DNA), der den Code für eine bestimmte Aufgabe trägt. Gene weisen die Zelle an, ein Protein (*siehe* Protein), zu bilden, das eines oder mehrere Merkmale des Lebewesens beeinflusst. Gene werden vererbt.

GENERATOR
Ein Gerät, das Bewegungsenergie in elektrische Energie umwandelt. Windkraftanlagen und auch viele Kraftwerke nutzen Generatoren.

GEWEBE
Eine Gruppe von Zellen im Körper mit der gleichen Funktion, wie etwa Muskelgewebe, das sich zusammenziehen kann.

GEWICHT
Die Kraft, die aufgrund der Schwerkraft auf Materie wirkt. Je mehr Masse ein Körper hat, desto mehr Gewicht hat er.

HEFE
Ein winziger einzelliger Pilz, der sich von Zuckern ernährt und Kohlendioxidgas und Alkohol produziert.

IMMUNSYSTEM
Das Abwehrsystem des Körpers, das uns vor Krankheiten schützt. Wenn man eine Erkältung hat, ist es das Immunsystem, das gerade eine Infektion abwehrt.

IMPFUNG
Die Gabe eines Impfstoffs, der gegen eine Infektionskrankheit immun macht. Er regt das Immunsystem (*siehe* Immunsystem) an, Antikörper gegen zukünftige Infektionen zu bilden.

IMPULS
Ein Maß für die Bewegung eines Körpers. Der Impuls ist die Masse des Körpers multipliziert mit der Geschwindigkeit.

INFRASTRUKTUR
Die grundlegenden Einrichtungen und Strukturen, Gebäude, Straßen, und Brücken, die eine Gesellschaft oder ein Land zum Funktionieren braucht.

ION
Ein Atom oder Molekül, das Elektronen aufgenommen oder abgegeben hat und nun eine elektrische Ladung trägt.

ISOLATOR
Ein Material, das elektrischen Strom nicht leitet.

ISOTOPE
Verschiedene Versionen eines Elements mit der gleichen Anzahl von Protonen, aber verschieden vielen Neutronen im Atomkern.

KERN
Siehe Atomkern, Zellkern.

KERNFUSION
Eine Reaktion, bei der kleine Atomkerne wie Wasserstoffkerne zu größeren Kernen verschmelzen („fusionieren"), wobei sehr große Mengen Energie frei werden.

KERNSPALTUNG
Eine Reaktion, bei der große Atomkerne in kleinere Teile gespalten werden, wobei viel Energie frei wird.

KLIMA
Die typischen Wettermuster in einer bestimmten Region über mehrere Jahre hinweg.

KLIMAWANDEL
Die Veränderung des Klimas der Erde durch den Anstieg von Treibhausgasen wie Kohlendioxid in der Luft. Aspekte des Klimawandels sind die Erderwärmung, das Abschmelzen von Eis an den Polen, der Anstieg des Meeresspiegels und mehr extreme Wetterereignisse.

KOHLENDIOXID
Ein farb- und geruchloses Gas. Kohlendioxid ist ein Treibhausgas, dessen Anstieg in der Atmosphäre zur Erderwärmung führt. Es hat das chemische Symbol CO_2.

KOHLENSTOFF
Ein nichtmetallisches Element, das die Hauptkomponente wichtiger Substanzen im Körper ist, etwa in den Proteinen oder der DNA.

KORALLE
Ein einfacher Organismus, der am Meeresboden Kolonien bildet. Die abgelagerten Kalkskelette von Korallen lassen Korallenriffe entstehen.

KRAFT
Etwas, das an einem Körper zieht oder ihn schiebt und seine Form oder seine Bewegung verändert.

KRISTALL
Ein Feststoff mit einer sehr regelmäßiger Form. Diamanten und Salzkörner sind Kristalle.

KÜNSTLICH
Beschreibt Dinge, die von Menschen gemacht wurden und nicht in der Natur vorkommen.

KÜNSTLICHE INTELLIGENZ (KI)
Techniken, mit denen Computer die menschlichen Fähigkeiten des Lernens und Denkens nachahmen. Die meisten KI-Systeme sind für Datenanalyse, Mustererkennung und Simulationen gebaut.

LASER
Ein Gerät, das einen Lichtstrahl erzeugt, dessen Wellen die gleiche Wellenlänge haben und gleichförmig schwingen. Der Name steht für *Light amplification by stimulated emission of radiation* (Lichtverstärkung durch die stimulierte Emission von Strahlung).

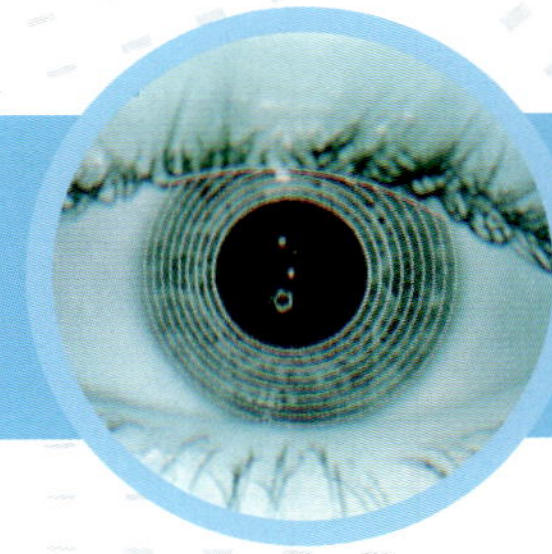

LEBENSRAUM
Der Ort, an dem ein Lebewesen in der Natur lebt. Damit kann etwas Kleines wie die Unterseite eines Blatts gemeint sein oder etwas Großes wie ein ganzer Wald.

LEITER
Eine Substanz, durch die Wärme oder Elektrizität (*siehe* Elektrizität) leicht hindurchgeht.

LINSE
Ein Körper aus Glas oder durchsichtigem Plastik mit gekrümmter Oberfläche, die das einfallende Licht bricht (ablenkt). Eine nach innen gewölbte Linse nennt man konkav, eine nach außen gewölbte konvex. Mit Linsen erzeugt man Bilder in Kameras, Teleskopen und Mikroskopen.

LÖSEMITTEL
Ein Stoff, meist eine Flüssigkeit, in der sich eine andere Substanz lösen kann. *Siehe* Lösung.

LÖSUNG
Eine Mischung, bei der die Moleküle des gelösten Stoffs (Solvat) in der größeren Menge eines (meist flüssigen) Lösemittels verteilt sind.

LUFTDRUCK
Die Kraft, die Luftmoleküle auf die Oberfläche von Gefäßen ausüben.

LUFTWIDERSTAND
Eine bremsende Kraft, die auf Körper wirkt, die sich durch Luft bewegen. Sie wirkt immer entgegen der Bewegungsrichtung.

MAGNET
Ein Gegenstand mit einem Magnetfeld, der andere Magnete anzieht oder abstößt und einige andere Stoffe wie Eisen anzieht. Magnetismus wirkt auch auf Objekte in der Umgebung, die den Magneten nicht direkt berühren.

MAGNETFELD
Der Bereich um einen Magneten, in dem dessen Kräfte wirken.

MASSE
Ein Maß für die Menge an Materie in einem Objekt.

MATERIAL
Die Substanz, aus der ein Gegenstand besteht. Es gibt natürliche und künstliche Materialien.

MATERIE
Alles, das Masse hat und Raum einnimmt, z. B. Festkörper, Gase, Flüssigkeiten einzelne Teilchen, Lebewesen und unbelebte Dinge.

METALL
Chemische Elemente mit bestimmten Eigenschaften: Metalle sind meist sehr hart, fest und glänzend, und sie leiten elektrischen Strom und Wärme gut. Viele Metalle sind reine Elemente, und über zwei Drittel der Elemente sind Metalle.

MIKROBE
Siehe Mikroorganismus.

MIKROORGANISMUS
Ein winziger, meist einzelliger Organismus, den man nur unter dem Mikroskop sehen kann, auch Mikrobe genannt.

MINERAL
Jede Substanz, die natürlich durch geologische Vorgänge entstanden und einheitlich ist. Gesteine sind dagegen Substanzen, die aus mehreren Mineralen bestehen.

MOLEKÜL
Eine Struktur aus zwei oder mehr Atomen, die durch starke Bindungen zusammengehalten werden.

MOTOR
Ein Gerät, das elektrische oder chemische Energie in Bewegungsenergie umwandelt.

MUSKEL
Organe im Körper, die aus winzigen Fasern bestehen. Sie können sich zusammenziehen und bewegen so den Körper.

NÄHRSTOFF
Eine Substanz, die Tiere und Pflanzen aufnehmen müssen, weil sie für das Leben und Wachsen nötig ist. Ein Nährstoff kann Energiequelle oder Rohstoff sein.

NERV
Ein Bündel von Nervenfasern samt versorgenden Blutgefäßen, das elektrische Signale vom und zum Gehirn oder Rückenmark leitet.

NEURON
Nervenzelle. Jedes Neuron ist im Körper mit vielen anderen Neuronen verbunden, die ein Netz zur Weiterleitung und Verarbeitung elektrischer Signale bilden.

NEUTRON
Ein Teilchen im Kern von Atomen, das keine elektrische Ladung trägt. Alle Atome außer Wasserstoff haben Neutronen im Kern.

OBERFLÄCHENSPANNUNG
Effekt, den die starke gegenseitige Anziehung der Wassermoleküle hat, durch den sich die Wasseroberfläche wie ein Gummituch verhält.

ÖKOSYSTEM
Eine Gemeinschaft von Organismen unterschiedlicher Arten in einem bestimmten Lebensraum, die voneinander abhängig sind.

ORGAN
Eine größere Struktur in einem Organismus mit einer bestimmten Funktion, etwa der Magen, das Gehirn und auch die Haut.

ORGANISMUS
Ein Lebewesen, etwa eine Pflanze, ein Tier, ein Pilz oder ein Bakterium.

PH-WERT
Ein Maß für die Konzentration geladener Wasserstoffatome, die den sauren oder basischen Charakter einer Lösung bestimmt. Je niedriger der pH-Wert, desto saurer ist sie.

PHYSIK
Das Studium von Energien, Kräften und Materie.

PILZ
Organismus einer Gruppe, die weder Tiere noch Pflanzen sind. Sie ernähren sich von Resten toter Tiere und Pflanzen und zersetzen diese.

PLASMA
In der Physik ein sehr heißes Gas aus geladenen Teilchen. In der Biologie der flüssige Anteil des Bluts (*siehe* Zytoplasma).

POLYMER
Ein langes Kettenmolekül aus kleineren, aneinandergehängten Molekülen (Monomeren). Einige natürliche Moleküle sind Polymere, wie etwa die DNA, aber Polymere werden auch künstlich hergestellt, beispielsweise Kunststoffe (Plastik).

PROTEIN
Eine Gruppe komplizierter Moleküle in Lebewesen. Proteine sind die Bausteine der Zellen. Sie bestehen aus einfachen Molekülen, den Aminosäuren. Es gibt 20 verschiedene natürliche Aminosäuren, und Proteine bestehen aus Hunderten Aminosäuren in einer bestimmten Reihenfolge.

PROTON
Ein Teilchen mit einer positiven elektrischen Ladung im Atomkern.

RADIOAKTIVITÄT
Der Zerfall der Atomkerne einiger Elemente, wobei Strahlung frei wird. Radioaktive Elemente sind z. B. Uran und Plutonium.

RADIOWELLE
Typ elektromagnetischer Strahlung mit den größten Wellenlängen. Sie breiten sich schnell weit aus und man nutzt sie, um Informationen oder Musik zu übertragen.

REAKTION
In der Chemie ein Vorgang, bei dem mehrere chemische Verbindungen zusammengeführt werden, sodass ihre Atome neu angeordnet werden und neue Verbindungen bilden.

REFLEXION
Die Art, wie Licht, Schall oder andere Wellen von Oberflächen zurückgeworfen werden.

SALZ
Eine chemische Verbindung, die beim Mischen einer Säure mit einer Base entsteht. Speziell ist mit Salz oft Kochsalz (Natriumchlorid) gemeint.

SATELLIT
Ein Objekt im Weltraum, das ein anderes umkreist. In der Raumfahrt ist ein von Menschen in eine Erdumlaufbahn geschickter künstlicher Flugkörper gemeint.

SAUERSTOFF
Ein farb- und geruchloses Gas und das häufigste Element auf der Erde. Tiere und Menschen atmen Sauerstoff ein, Feuer braucht ihn zum Brennen.

SÄURE
Ein reaktiver chemischer Stoff mit einem pH-Wert unter 7 (*siehe* pH-Wert). Essig und Zitronensaft sind sauer.

SCHIMMEL
Ein Typ von Pilz, der z. B. auf verdorbenen Lebensmitteln als haariger Belag wächst. Viele Arten von Schimmel ernähren sich von totem Pflanzen- und Tiermaterial.

SCHWERKRAFT
Eine Kraft, die alle Dinge mit Masse zueinander zieht. Auf der Erde zieht die Schwerkraft alle Gegenstände nach unten, und im Weltall hält die Schwerkraft die Planeten auf ihren Umlaufbahnen.

SENSOR
Ein Gerät oder die Komponente einer Maschine, die Informationen aus der Umgebung registriert, etwa Licht oder Wärme, und daraus ein elektronisches Signal erzeugt.

SOFTWARE
Die Programme oder Anweisungen, die auf einem Computer laufen und ihm sagen, wie er reagieren soll, etwa das Betriebssystem und Nutzeranwendungen („Apps").

SONNENSYSTEM
Die Sonne und alle Himmelskörper, die von der Schwerkraft auf Umlaufbahnen um die Sonne gehalten werden, etwa Planeten, Zwergplaneten, Monde, Asteroiden und Kometen.

STRAHLUNG
Energiewellen, die sich im Raum ausbreiten. Dazu gehören sichtbares Licht, Wärmestrahlen (Infrarot), Röntgenstrahlen und Radiowellen.

STROM, ELEKTRISCHER
Die Bewegung von Elektronen in eine Richtung, z.B. durch einen Draht. Strom (oder Stromstärke) ist auch ein Maß für die Menge der fließenden Elektronen, angegeben in Ampere (Symbol: A).

STROMKREIS
Ein Weg, durch den elektrischer Strom fließen kann. Alle elektrischen Geräte haben Stromkreise.

STROMLINIENFÖRMIG
Eine glatte, meist geschwungene Form, die sich durch Wasser oder Luft leicht hindurch bewegt.

SUBLIMATION
Der Vorgang, bei dem ein Festkörper zu einem Gas wird, ohne zunächst flüssig zu werden.

TEILCHEN
Winziger Bestandteil von Materie. Gemeint sind je nach Zusammenhang Moleküle, Atome oder subatomare Teilchen wie Elektronen, Protonen oder Neutronen.

TREIBHAUSGAS
Ein Gas in der Atmosphäre, das die Wärme, die die Erde von der Sonne erhält, nicht wieder ins All entweichen lässt. Wichtige Treibhausgase sind Kohlendioxid und Methan.

TURBINE
Ein Gerät mit rotierenden Schaufeln, die vom Druck einer Flüssigkeit oder eines Gases (wie Dampf) bewegt werden. In Kraftwerken treiben Turbinen einen Generator an, der Strom erzeugt.

VERDUNSTUNG
Die Umwandlung einer Flüssigkeit in ein Gas.

VERFORMUNG
Die Veränderung der Form eines Objekts durch Kräfte, die auf es wirken. Wenn sich ein Objekt nicht bewegen kann, führen Kräfte zur Verformung oder zum Bruch.

VOLUMEN
Ein Maß für den Raum, den ein Objekt einnimmt.

VULKAN
Eine Öffnung in der Erdkruste, durch die Magma (Gesteinsschmelze) ausbricht und oft einen kegelförmigen Berg bildet.

WASSERDAMPF
Das unsichtbare Gas, das beim Verdunsten von Wasser entsteht, also der gasförmige Zustand von Wasser.

WASSERDRUCK
Der Druck, den das Wasser ausübt. Beim Tauchen steigt der Wasserdruck mit zunehmender Tiefe, weil das Gewicht des Wassers, das über dem Taucher liegt, immer mehr zunimmt.

ZELLE
Die kleinste lebende Einheit, aus der alle Lebewesen bestehen.

ZELLKERN
Ein abgegrenzter Bereich in den Zellen von Organismen. In ihm befindet sich die DNA.

ZUCKER
Eine meist süß schmeckende, lösliche Substanz, die die Zellen in unserem Körper zum Leben und Wachsen brauchen.

ZYTOPLASMA
Die gelartige Flüssigkeit innerhalb der Zellmembran, die den größten Teil des Zellinneren ausmacht.

Abkürzungen in diesem Buch

%	Prozent
cm	Zentimeter
°C	Grad Celsius
CO_2	Kohlendioxid
g	Gramm
J.	Jahren
kg	Kilogramm
km	Kilometer
km/h	Kilometer pro Stunde (auch Stundenkilometer genannt)
m	Meter
Mio.	Millionen
Mrd.	Milliarden
bar	Bar

REGISTER

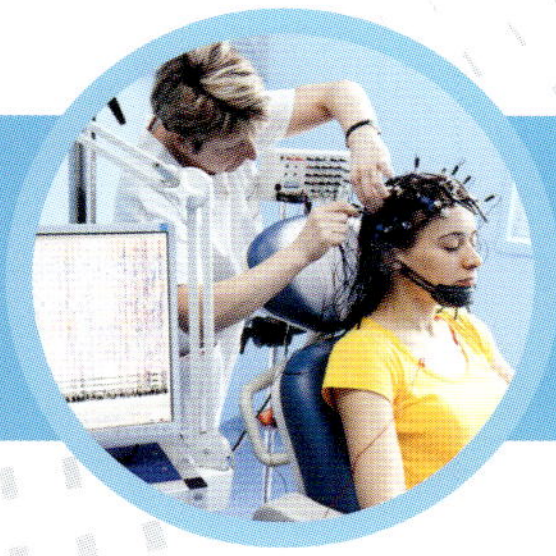
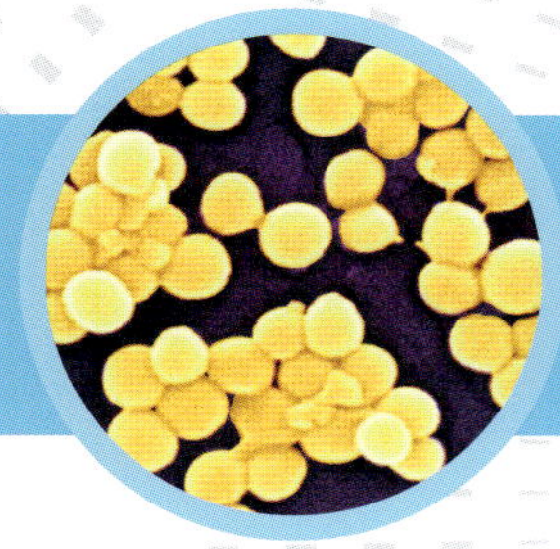

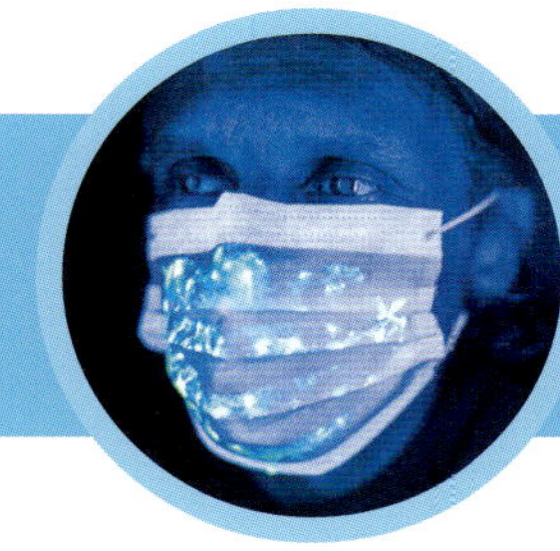

DANK UND BILDNACHWEIS

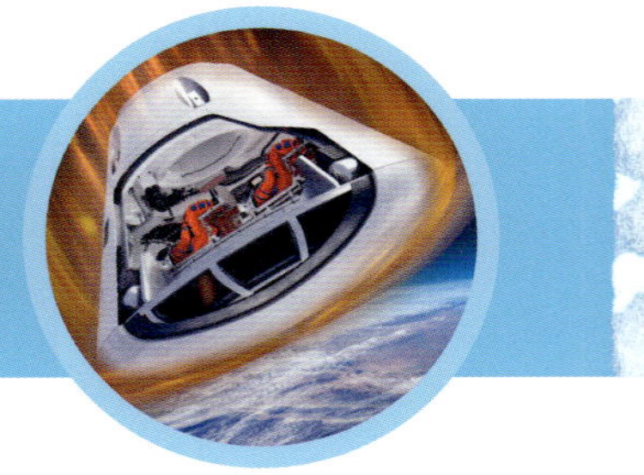

Dorling Kindersley dankt folgenden Personen für ihre Unterstützung bei der Arbeit an diesem Buch: Bharti Bedi, Upamanyu Das, Arpita Dasgupta, Priyanka Kharbanda, Sai Prasanna, Bipasha Roy, Anuroop Sanwalia, Shambhavi Thatte und Vatsal Verma für redaktionelle Hilfe, Rakesh Kumar, Tanya Mehrotra, Priyanka Sharma und Saloni Singh für den Umschlag sowie Jo Penning für die Erstellung des Registers.

Der Verlag dankt folgenden Personen und Organisationen für die freundliche Genehmigung zum Abdruck von Fotos:

(Abkürzungen: o = oben, u = unten, m = Mitte, l = links, r = rechts, g = ganz)

1 Getty Images: Pool (m). **2-3 Science Photo Library:** Tony & Daphne Hallas. **4 Getty Images:** Alexis Rosenfeld (mo). **NASA:** NASA / JPL-Caltech (mro). **5 Alamy Stock Photo:** Science Photo Library (mlo); Jim West (mo). **6-7 Alamy Stock Photo:** Daryl Mulvihill. **8 Shutterstock.com:** Kimimasa Mayama / Epa-Efe / Shutterstock (ul). **12-13 Getty Images:** The Asahi Shimbun. **12 Getty Images:** Andreas Solaro (mro). **14-15 Octinion. 14 Alamy Stock Photo:** ZUMA Press, Inc (m). **16-17 Alamy Stock Photo:** Conrad Elias. **18-19 Cephas Picture Library:** Mick Rock. **18 Alamy Stock Photo:** agefotostock (gol); Jake Lyell (ml); Photology1971 (ul). **19 Alamy Stock Photo:** Farlap (m). **20-21 Getty Images:** Handout. **21 SuperStock:** Biosphoto (m). **22-23 NASA. 22 NASA:** (m). **24-25 Ciril Jazbec. 24 Alamy Stock Photo:** OA (mro). **26-27 Peter Trautwein Aqualonis. 26 Peter Trautwein Aqualonis:** (mru). **28-29 Shutterstock.com:** Ksenia Ragozina. **28 Alamy Stock Photo:** Phil Rees (m). **30-31 Nat Geo Image Collection:** Greg Ludwig. **30 Alamy Stock Photo:** Cavan Images (m). **32-33 Getty Images / iStock:** Chunyip Wong. **32 Shutterstock.com:** Anongnaj Phewngern (ml). **34-35 Shutterstock.com:** urbans. **36-37 Shutterstock.com:** polu_tsvet. **37 Alamy Stock Photo:** H. Mark Weidman Photography (gom). **38-39 Massachusetts Institute of Technology (MIT):** Bob Mumgaard. **40-41 NASA:** NASA / Roscosmos. **40 Alamy Stock Photo:** dpa picture alliance archive (um). **41 Alamy Stock Photo:** All Canada Photos (um). **Science Photo Library:** Trevor Clifford Photography (ul). **42-43 Neoen:** (m). **42 Alamy Stock Photo:** Askar Karimullin (m). **44-45 Getty Images:** Loic Venance. **44 Getty Images:** Fred Tanneau (gol). **45 Science Photo Library:** Martin Bond (m). **46-47 Vattenfall Group. 48-49 Getty Images / iStock:** greenleaf123. **48 Alamy Stock Photo:** Aflo Co. Ltd (mlu). **49 Dreamstime.com:** Bencharat Chanphong (m). **52-53 Boeri Studio:** Vertical Forest Ph. Dimitar Harizanov, Milan, Italy. **52 Studio Roosegaarde:** (ml). **54-55 Alamy Stock Photo:** Ivan Smuk. **55 Alamy Stock Photo:** Dennis Frates (mr). **56-57 BAS:** British Antarctic Survey / Antony Dubber. **58-59 Getty Images:** Ventdusud. **59 Alamy Stock Photo:** Imaginechina Limited (m). **60-61 Getty Images:** VCG. **60 Shutterstock.com:** guruXOX (m). **61 Getty Images:** VCG (gor). **62-63 Getty Images:** Alexis Rosenfeld. **64-65 Alamy Stock Photo:** David Tadevosian. **64 Alamy Stock Photo:** Science Photo Library (m). **66-67 ESO:** ESO / F. Kamphues. **66 Alamy Stock Photo:** Andrey Armyagov (ml); ZUMA Press, Inc. (gol). **Getty Images:** Arctic-Images (ul). **68 Reuters:** Navesh Chitrakar. **Science Photo Library:** Eye Of Science (mlu). **69 Alamy Stock Photo:** EyeSee Microstock. **Dreamstime.com:** Martin Kawalski (m). **70-71 Alamy Stock Photo:** Lev Karavanov. **71 Shutterstock.com:** Valokuva24 (gor). **72-73 Getty Images:** Anadolu Agency. **73 Depositphotos Inc:** Gudkovandrey (m). **74-75 Alamy Stock Photo:** Dino Fracchia. **74 Dreamstime.com:** Rdonar (gol). **76-77 Alamy Stock Photo:** CW Images. **76 Getty Images:** Jan-Otto (m). **77 Alamy Stock Photo:** Reuters (gor). **Dreamstime.com:** Singhsomendra (ur). **Getty Images:** Jonas Gratzer (mr). **78-79 Getty Images:** Bloomberg. **78 Getty Images:** Star Tribune via Getty Images (m). **79 Alamy Stock Photo:** Frances Roberts (gol). **Getty Images:** Monty Rakusen (gor). **SuperStock:** Michael Rosenfeld / Maximilian S (gom). **80-81 Getty Images:** Patrick AVENTURIER. **82-83 Action Plus Sports Images:** Imago / Actionplus. **82 Alamy Stock Photo:** Arterra Picture Library (ml). **Getty Images:** George Rose (gol). **Shutterstock.com:** oNabby (ul). **84-85 Dreamstime.com:** Vitalyedush / All. **88-89 Extreme E. 89 NASA:** (mru). **90-91 Roborace:** Robocar 1.0 (m). **92 Alamy Stock Photo:** riddypix (gor). **94-95 Alamy Stock Photo:** Thom Lang. **94 123RF.com:** foottoo (m). **95 Getty Images:** MarBom (gor). **96-97 Getty Images:** Pool. **97 Getty Images:** Stringer (mr). **Shutterstock.com:** Danny Ecker (ur); Konstantin Tronin (gor). **98-99 Alamy Stock Photo:** dpa picture alliance. **98 Science Photo Library:** Dr Gary Settles (ml). **100-101 Dorling Kindersley: Hum3D.com** (m). **TurboSquid:** 3d_molier International (Astronaut). **101 Alamy Stock Photo:** RGB Ventures / SuperStock (m). **102-103 Getty Images:** Roscosmos Press Office. **102 Alamy Stock Photo:** ITAR-TASS News Agency (gol). **103 Alamy Stock Photo:** Robert Taylor (m). **104-105 NASA:** NASA / JPL-Caltech. **104 NASA:** NASA / JPL-Caltech (mlo). **105 Science Photo Library:** Detlev Van Ravenswaay (ur). **106-107 Shutterstock.com:** Ashley Cooper / Specialiststock / Splashdown. **108-109 Getty Images:** Christopher Kimmel / Aurora Photos. **110-111 Alamy Stock Photo:** AB Forces News Collection. **111 Alamy Stock Photo:** Jack Sullivan (gor). **112 Bryan Christie Design:** (ml). **112-113 Getty Images:** The Asahi Shimbun. **113 Getty Images:** VCG (gor). **Photo by courtesy of Seatools:** (mr, ur). **114-115 Alamy Stock Photo:** Prisma by Dukas Presseagentur GmbH. **115 Dreamstime.com:** Photoeuphoria (m). **116-117 Science Photo Library:** James King-Holmes. **117 Alamy Stock Photo:** Andriy Popov (ur). **Getty Images:** Bloomberg (mr). **Science Photo Library:** Mauro Fermariello (gor). **118-119 Getty Images:** Bartosz Siedlik. **119 Alamy Stock Photo:** Aleksey Boldin (m). **122-123 Science Photo Library:** Wim Van Egmond. **122 Getty Images:** BSIP (mlu). **124-125 Science Photo Library:** Biophoto Associates. **126 Alamy Stock Photo:** Trevor Smith (ml). **126-127 Alamy Stock Photo:** Science Photo Library. **128-129 Getty Images:** SDI Productions. **128 Alamy Stock Photo:** Science Photo Library (m). **129 Alamy Stock Photo:** Jiri Hubatka (gom). **130-131 Science Photo Library:** Medical Media Images. **130 Getty Images:** Peter Dazeley (m). **132-133 CYBERDYNE: Prof. Sankai University of Tsukuba/CYBERDYNE Inc.. 132 Shutterstock.com:** (ul). **134-135 Science Photo Library:** Burger / Phanie. **135 Alamy Stock Photo:** BSIP SA (ur); Wavebreak Media Ltd (gor). **Science Photo Library:** GARO / PHANIE (mr). **137 Getty Images:** Jim Watson (m). **138-139 Getty Images:** Kyodo News. **138 Getty Images:** The Washington Post (mru). **140-141 Getty Images:** Bertrand Guay. **140 Getty Images:** (mro). **142-143 Getty Images:** Boston Globe. **143 Alamy Stock Photo:** Nature Picture Library (gor). **Getty Images / iStock:** Vladimir Vladimirov (mr). **Science Photo Library:** (mru). **144-145 Getty Images:** The AGE. **145 NASA:** (mr). **146-147 NOAA:** Collection of Doug Helton, NOAA / NOS / ORR. **147 Getty Images:** Martin Harvey (mr). **148-149 Getty Images:** Nigel Hicks / Eden Project. **148 Biosphere 2:** The University of Arizona (m). **149 Getty Images:** Franz-Marc Frei / Eden Project (mru). **150-151 Alamy Stock Photo:** Matthew Oldfield Underwater Photography. **150 Dreamstime.com:** Jan Lorenz (gol). **152-153 Alamy Stock Photo:** David Fleetham. **154-155 Science Photo Library:** Tony & Daphne Hallas. **154 Getty Images / iStock:** Georgeclerk (mlu). **156-157 Getty Images:** NurPhoto. **156 Alamy Stock Photo:** Reuters (gol). **157 Alamy Stock Photo:** Blickwinkel (m).**160-161 Nick Verola. 161 Getty Images:** Lev Fedoseyev (mlu). **162-163 Caters News Agency:** Geoff Mackley. **163 Alamy Stock Photo:** UPI (m). **164 Alamy Stock Photo:** XM Collection (m). **166-167 NOAA:** ThayerMahan, Inc. Kraken Robotics, und das NOAA Office of Ocean Exploration and Research. **166 Alamy Stock Photo:** Thomas Imo (mru). **168-169 Nat Geo Image Collection:** Carsten Peter. **169 Alamy Stock Photo:** Jim West (mr). **Science Photo Library:** British Antarctic Survey (gor, mru). **170-171 Yuya Makino, IceCube/National Science Foundation.. 171 Alamy Stock Photo:** Image Source (mlo). **172-173 Gran Telescopio Canarias:** Pablo Bonet / Instituto de Astrofísica de Canarias. **173 Alamy Stock Photo:** Imaginechina Limited (um). **174-175 NASA:** NASA, ESA / Hubble and the Hubble Heritage Team. **176-177 Science Photo Library:** Ikelos Gmbh / Dr. Christopher B. Jackson. **176 123RF.com:** Sergeychayko (gol). **Science Photo Library:** Clouds Hill Imaging Ltd (ul); Ikelos GmbH / Dr. Christopher B. Jackson (ml). **177 Getty Images:** Valery Sharifulin (m). **178-179 Getty Images:** Patrick Aventurier. **180-181 Alamy Stock Photo:** PA Images. **180 Science Photo Library:** Alexander Tsiaras (ml). **182-183 Science Photo Library:** Pascal Goetgheluck. **182 Science Photo Library:** Philippe Plailly (ml). **183 Kennis & Kennis / Alfons and Adrie Kennis:** (ur, um, ul). **184-185 Alamy Stock Photo:** Maximilian Buzun. **184 Dreamstime.com:** Petr Taborsky (m). **185 Alamy Stock Photo:** Ivan Smuk (gom). **Getty Images:** Contributor (mru); Justin Sullivan (mlo). **Getty Images / iStock:** undefined undefined (mr). **186-187 John Downer Productions. 186 Getty Images:** Yamaguchi Haruyoshi (mru). **187 John Downer Productions:** (ur). **188-189 Shutterstock.com:** Kimimasa Mayama / Epa-Efe / Shutterstock. **190-191 Getty Images:** Monty Rakusen. **190 Alamy Stock Photo:** Martin Shields (m). **191 Alamy Stock Photo:** Roibu (mr); Science Photo Library (gor, ur). **192-193 Science Photo Library:** Du Cane Medical Imaging Ltd. **192 Massachusetts Institute of Technology (MIT):** Rebecca Saxe, Ben Deen, Atsushi Takahashi / Department of Brain and Cognitive Sciences, M (m). **194-195 Science Photo Library:** Klaus Guldbrandsen. **194 Science Photo Library:** Chris Priest (m). **196-197 Alamy Stock Photo:** Mike Lane. **196 naturepl.com:** Ingo Arndt (mru). **198-199 Nat Geo Image Collection:** Steve Winter. **199 Getty Images:** The Washington Post (m). **200 Science Photo Library:** Medical Media Images (gor). **Shutterstock.com:** polu_tsvet (gom). **201 Alamy Stock Photo:** Dino Fracchia (gor). **Getty Images / iStock:** Georgeclerk (gom); greenleaf123 (gogl). **NASA:** (gol). **202 Alamy Stock Photo:** Ivan Smuk (gol). **Getty Images:** VCG (gor). **Science Photo Library:** James King-Holmes (gom). **Shutterstock.com:** Konstantin Tronin (gogl). **203 Alamy Stock Photo:** dpa picture alliance archive (gol). **ESO:** ESO / F. Kamphues (gor). **Getty Images:** Bloomberg (gogl); MarBom (gom). **204 Alamy Stock Photo:** Maximilian Buzun (gor); David Tadevosian (gom). **205 Getty Images:** BSIP (gol). **Getty Images / iStock:** Vladimir Vladimirov (gor). **Science Photo Library:** Burger / Phanie (gogl); Philippe Plailly (gom).

Cover: *Vorn und Hinten:* **Shutterstock.com:** Peshkova. *Hinten:* **Alamy Stock Photo:** dpa picture alliance (ml), Science Photo Library / Christoph Burgstedt (mr). **Getty Images:** Alexis Rosenfeld (mgr). **NASA:** NASA / JPL-Caltech (mgr). *Rücken:* **Shutterstock.com**: Peshkova (go).

Weitere Informationen unter
www.dkimages.com

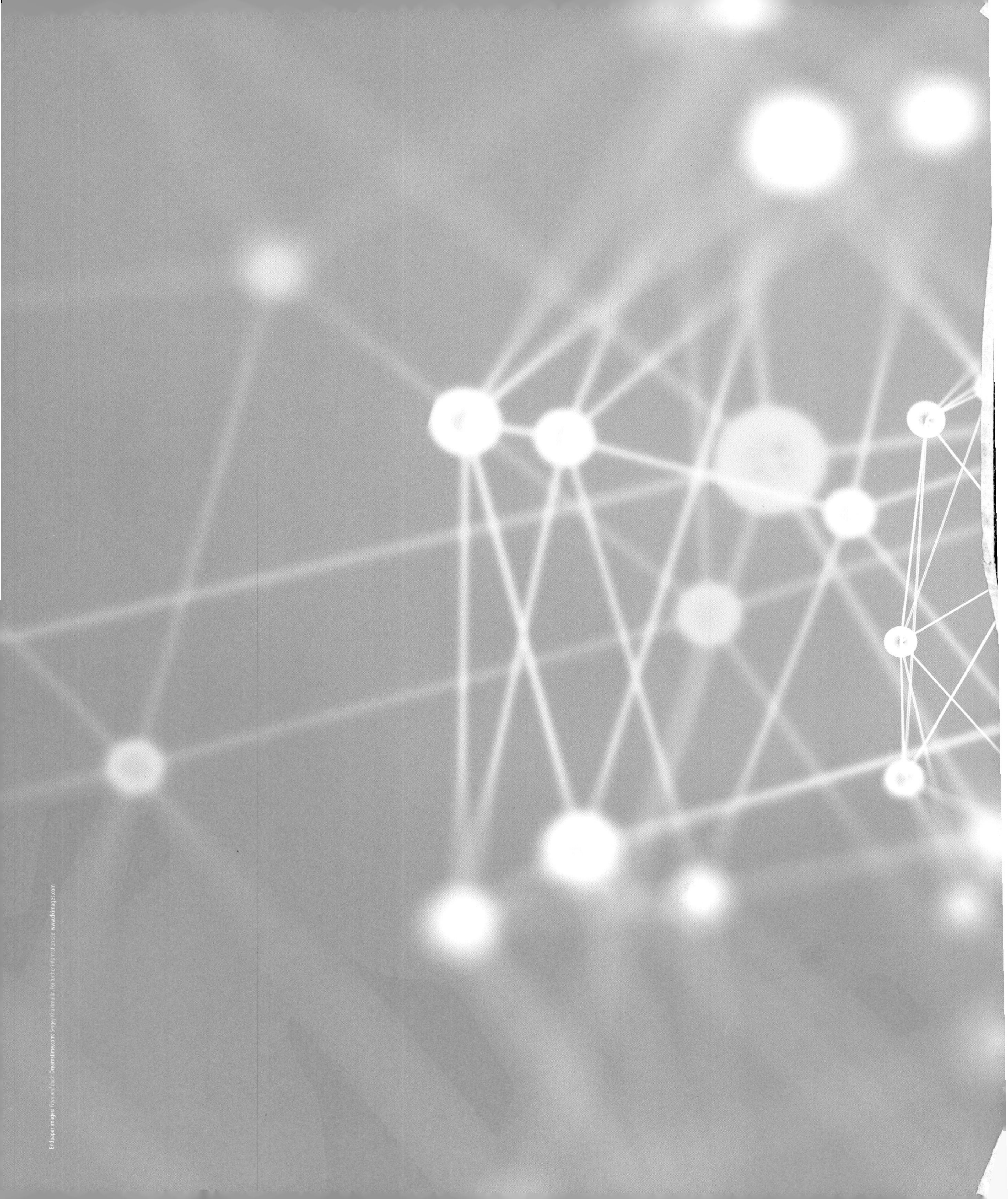

Endpaper images: *Front and Back:* **Dreamstime.com:** Sergey Khakimullin. For further information see: **www.dkimages.com**